U0247171

数控电火花加工技术训练

主　编　杨　羊　朱玉娥
副主编　沈剑峰

北京理工大学出版社
BEIJING INSTITUTE OF TECHNOLOGY PRESS

图书在版编目（CIP）数据

数控电火花加工技术训练 / 杨羊，朱玉娥主编. —北京：北京理工大学出版社，2019.12
（2023.7 重印）

ISBN 978-7-5682-8059-4

Ⅰ. ①数… Ⅱ. ①杨…②朱… Ⅲ. ①数控机床 – 电火花加工 – 高等学校 – 教材
Ⅳ. ①TG661

中国版本图书馆 CIP 数据核字（2020）第 015782 号

出版发行 / 北京理工大学出版社有限责任公司
社　　址 / 北京市海淀区中关村南大街 5 号
邮　　编 / 100081
电　　话 / （010）68914775（总编室）
　　　　　（010）82562903（教材售后服务热线）
　　　　　（010）68944723（其他图书服务热线）
网　　址 / http://www.bitpress.com.cn
经　　销 / 全国各地新华书店
印　　刷 / 涿州市新华印刷有限公司
开　　本 / 787 毫米×1092 毫米　1/16
印　　张 / 7.75　　　　　　　　　　　　　　　　　　责任编辑 / 多海鹏
字　　数 / 181 千字　　　　　　　　　　　　　　　　文案编辑 / 多海鹏
版　　次 / 2019 年 12 月第 1 版　2023 年 7 月第 4 次印刷　责任校对 / 周瑞红
定　　价 / 28.00 元　　　　　　　　　　　　　　　　责任印制 / 李志强

江苏联合职业技术学院院本教材出版说明

　　江苏联合职业技术学院自成立以来，坚持以服务经济社会发展为宗旨、以促进就业为导向的职业教育办学方针，紧紧围绕江苏经济社会发展对高素质技术技能型人才的迫切需要，充分发挥"小学院、大学校"办学管理体制创新优势，依托学院教学指导委员会和专业协作委员会，积极推进校企合作、产教融合，积极探索五年制高职教育教学规律和高素质技术技能型人才成长规律，培养了一大批能够适应地方经济社会发展需要的高素质技术技能型人才，形成了颇具江苏特色的五年制高职教育人才培养模式，实现了五年制高职教育规模、结构、质量和效益的协调发展，为构建江苏现代职业教育体系、推进职业教育现代化做出了重要贡献。

　　我国社会的主要矛盾已经转化为人们日益增长的美好生活需要与发展不平衡不充分之间的矛盾，因此我们只有实现更高水平、更高质量、更高效益、更加平衡、更加充分的发展，才能全面实现新时代中国特色社会主义建设的宏伟蓝图。五年制高职教育的发展必须服从服务于国家发展战略，以不断满足人们对美好生活需要为追求目标，全面贯彻党的教育方针，全面深化教育改革，全面实施素质教育，全面落实立德树人根本任务，充分发挥五年制高职贯通培养的学制优势，建立和完善五年制高职教育课程体系，健全德能并修、工学结合的育人机制，着力培养学生的工匠精神、职业道德、职业技能和就业创业能力，创新教育教学方法和人才培养模式，完善人才培养质量监控评价制度，不断提升人才培养质量和水平，努力办好人民满意的五年制高职教育，为决胜全面建成小康社会、实现中华民族伟大复兴的中国梦贡献力量。

　　教材建设是人才培养工作的重要载体，也是深化教育教学改革、提高教学质量的重要基础。目前，五年制高职教育教材建设规划性不足、系统性不强、特色不明显等问题一直制约着内涵发展、创新发展和特色发展的空间。为切实加强学院教材建设与规范管理，不断提高学院教材建设与使用的专业化、规范化和科学化水平，学院成立了教材建设与管理工作领导小组和教材审定委员会，统筹领导、科学规划学院教材建设与管理工作，制定了《江苏联合职业技术学院教材建设与使用管理办法》和《关于院本教材开发若干问题的意见》，完善了教材建设与管理的规章制度；每年滚动修订《五年制高等职业教育教材征订目录》，统一组织五年制高职教育教材的征订、采购和配送；编制了学院"十三五"院本教材建设规划，组织18个专业和公共基础课程协作委员会推进了院本教材开发，建立了一支院本教材开发、编写、审定队伍；创建了江苏五年制高职教育教材研发基地，与江苏凤凰职业教育图书有限公司、苏州大学出版社、北京理工大学出版社、南京大学出版社、上海交通大学出版社等签订了战略合作协议，协同开发独具五年制高职教育特色的院本教材。

今后一个时期，学院将在推动教材建设和规范管理工作的基础上，紧密结合五年制高职教育发展新形势，主动适应江苏地方社会经济发展和五年制高职教育改革创新的需要，以学院18个专业协作委员会和公共基础课程协作委员会为开发团队，以江苏五年制高职教育教材研发基地为开发平台，组织具有先进教学思想和学术造诣较高的骨干教师，依照学院院本教材建设规划，重点编写和出版约600本有特色、能体现五年制高职教育教学改革成果的院本教材，努力形成具有江苏五年制高职教育特色的院本教材体系。同时，加强教材建设质量管理，树立精品意识，制订五年制高职教育教材评价标准，建立教材质量评价指标体系，开展教材评价评估工作，设立教材质量档案，加强教材质量跟踪，确保院本教材的先进性、科学性、人文性、适用性和特色性建设。学院教材审定委员会将组织各专业协作委员会做好对各专业课程（含技能课程、实训课程、专业选修课程等）教材出版前的审定工作。

本套院本教材较好地吸收了江苏五年制高职教育最新理论和实践研究成果，符合五年制高职教育人才培养目标定位要求。教材内容深入浅出，难易适中，突出"五年贯通培养、系统设计"专业实践技能经验的积累，重视启发学生思维和培养学生运用知识的能力。教材条理清楚、层次分明、结构严谨、图表美观、文字规范，是一套专门针对五年制高职教育人才培养的教材。

学院教材建设与管理工作领导小组

学院教材审定委员会

2017 年 11 月

序　言

　　2015 年 5 月，国务院印发关于《中国制造 2025》的通知，通知重点强调提高国家制造业创新能力，推进信息化与工业化深度融合，强化工业基础能力，加强质量品牌建设，全面推行绿色制造及大力推动重点领域突破发展等，而高质量的技能型人才是实现这一发展战略的重要途径。

　　为全面贯彻国家对于高技能人才的培养精神，提升五年制高等职业教育机电类专业教学质量，深化江苏联合职业技术学院机电类专业教学改革成果，并最大限度地共享这一优秀成果，学院机电专业协作委员会特组织优秀教师及相关专家，全面、优质、高效地修订及新开发了本系列规划教材，并配备了数字化教学资源，以适应当前的信息化教学需求。

　　本系列教材所具特色如下：

　　● 教材培养目标、内容结构符合教育部及学院专业标准中制定的各课程人才培养目标及相关标准规范。

　　● 教材力求简洁、实用，编写上兼顾现代职业教育的创新发展及传统理论体系，并使之完美结合。

　　● 教材内容反映了工业发展的最新成果，所涉及的标准规范均为最新国家标准或行业规范。

　　● 教材编写形式新颖，教材栏目设计合理，版式美观，图文并茂，体现了职业教育工学结合的教学改革精神。

　　● 教材配备相关的数字化教学资源，体现了学院信息化教学的最新成果。

　　本系列教材在组织编写过程中得到了江苏联合职业技术学院各位领导的大力支持与帮助，并在学院机电专业协作委员会全体成员的一直努力下顺利完成了出版任务。由于各参与编写作者及编审委员会专家时间相对仓促，加之行业技术更新较快，教材中难免有不当之处，敬请广大读者予以批评指正，在此一并表示感谢！我们将不断完善与提升本系列教材的整体质量，使其更好地服务于学院机电专业及全国其他高等职业院校相关专业的教育教学，为培养新时期下的高技能人才做出应有的贡献。

江苏联合职业技术学院机电协作委员会

2017 年 12 月

前　言

电火花、线切割加工技术是机械制造的重要工艺手段，是数控技术高技能人才必须掌握的技能。

本书在介绍线切割加工技术和电火花成形加工时，吸收了相关的课程建设与改革成果，主要以技能实践为主，以项目化工作过程为导向，引导学生在实现工作任务的过程中掌握加工工艺、编程及机床操作技术，同时获得必要的理论知识。

本书分为线切割加工和电火花加工两部分，共有 8 个项目，每个项目都来源于学校教学实践和企业实际，完全按照现代模具制造企业的实施流程，并就实施关键部分（线切割加工工艺分析、电火花加工条件的选用等）进行了详细的介绍。每个项目由项目提出、项目分析、项目实施、项目总结、拓展案例 5 个部分组成。在项目实施部分介绍完成项目需要掌握的必备知识，如机床结构、ISO 编程、电极设计方法、电极装夹方法、电极定位方法、加工条件选用、加工准备（含工件装夹与校正、电极装夹与校正、电极定位等具体实施过程）和加工组成；拓展案例主要包含实施项目后进步提高的工艺性和知识点。

本书是为线切割和电火花实训使用的，参考实训周数为 3 周，合计学时为 84 学时，建议采用集中实训教学模式，各项目的参考学时见下面的学时分配表。实训教学过程中可另安排学生通过课外查找资料进一步了解其他特种加工技术（如电镀、电铸、超声加工、激光加工）。

学时分配表

项目	实训内容	参考学时
项目一	电火花线切割机床的简介与操作	6
项目二	电火花线切割机床的绘图与编程操作	12
项目三	电火花线切割机床加工薄板工件的直线轮廓	12
项目四	电火花线切割机床加工直壁工件的轮廓	12
项目五	电火花线切割机床加工圆弧轮廓	12
项目六	电火花机床的简介与操作	6
项目七	电火花加工校徽图案型腔	12
项目八	电火花加工孔形型腔	12
课时总计		84

本书可作为高职院校模具、机械、数控技术应用等专业线切割、电火花机床操作的实训教材。

本书由盐城机电高等职业技术学校杨羊、盐城生物工程高等职业技术学校朱玉娥担任主编并完成统稿工作，盐城机电高等职业技术学校沈剑峰为副主编，江苏省相城中等专业学校王欣、盐城机电高等职业技术学校尤正花、盐城机电高等职业技术学校孙年亮、江苏省盐城技师学院陈亚岗参编，宿迁经贸高等职业技术学校庄金雨副教授担任主审。具体编写分工如下：盐城机电高等职业技术学校杨羊编写项目一并参与了项目三、项目四、项目五的编写，盐城生物工程高等职业技术学校朱玉娥编写项目六、项目七、项目八，盐城机电高等职业技术学校沈剑峰、尤正花编写了项目五，江苏省相城中等专业学校王欣编写了项目四，盐城机电高等职业技术学校孙年亮编写了项目二，江苏省盐城技师学院陈亚岗编写了项目三。

由于编者水平有限，经验不足，书中难免有错误和不足之处，敬请读者批评指正。

编　者

目　　录

电火花线切割机床的简介与操作

> 项目提出

20 世纪中叶，电火花线切割机床（线切割机床）发明于苏联。苏联拉扎联科夫妇研究开关触点受火花放电腐蚀损坏的现象和原因时，发现电火花的瞬时高温可以使局部的金属熔化、氧化而被腐蚀掉，从而开创和发明了电火花加工方法。线切割技术在机械加工生产中得到了广泛的应用，特别是模具加工行业，如冷冲模的加工、成型刀具及样板的加工、细微孔和任意曲线的加工等。电火花线切割机床在现代工业发展过程中起着举足轻重的作用，越来越多的产业需要工人会使用电火花线切割机床。

> 项目分析

本项目的实施过程难度并不高，通过本项目的学习，学生需要掌握电火花线切割机床加工的原理、电火花线切割机床的界面操作和安全操作规程，以及实施时的电极准备、工件准备等工作。

> 项目实施

一、电火花线切割机床简介

根据 GB/T 15375—2008《金属切削机床型号编制方法》的规定，线切割机床型号是以 DK77 开头的，如 DK7740 的含义如下：

D 为机床的类别代号，表示电加工机床；

K 为机床特性代号，表示数控；

7 为组别代号，表示电火花加工机床；

7 为型别代号，表示往复走丝线切割机床；

40 为基本参数代号，表示工作台横向行程为 400 mm。

电火花线切割机床的主要技术参数包括工作台行程（纵向行程×横向行程）、最大切割厚度、加工表面粗糙度、加工精度、切割速度，以及数控系统的控制功能等。

1. 电火花线切割机床的分类

（1）快走丝线切割机床（快走丝线切割机床）。电火花线切割机床广泛使用后，我国独创了快走丝线切割加工模式，即机床的电极丝在加工中做高速往复运动，反复通过加工间隙。电极丝材料常用直径为 0.1～0.3 mm 的钼丝或钨钼丝，工作液通常用乳化液。一般来讲，快走丝线切割机床（见图1-1）价格便宜、结构简单、生产率高，目前在我国应用较为广泛，本项目将主要介绍快走丝线切割机床的加工方法。

（2）慢走丝电火花线切割机床（慢走丝线切割机床）。慢走丝线切割机床（见图1-2）是国外生产和使用的机床，生产加工时，电极丝单向通过加工间隙，不重复使用，电极材料常用黄铜，工作液通常用去离子水、煤油等。一般走丝速度低于 0.2 m/s，走丝过程中振动小、加工平稳、加工精度高、自动化程度也高，所以机床造价和加工成本都比较高。

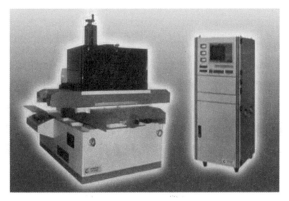

图 1-1　快走丝线切割机床

图 1-2　慢走丝线切割机床

2. 快走丝线切割机床的主要结构

快走丝线切割机床的主要结构包括机床、脉冲电源、控制系统三大部分。其中，机床由床身、工作台、走丝系统组成。

（1）机床。

① 床身。床身通常都是铸铁材料，是工作台、走丝系统等的支撑和固定基础，一般采用箱式结构，有足够的强度和刚度。有的机床将电源和工作液箱放置在床身内部，有的考虑到电源发热和工作液泵的振动而将其放置到床身外部。

② 工作台。工作台由上、下滑板组成，是安装工件和电极丝加工工件的平台，为保证加工精度，工作台导轨的精度、刚度和耐磨程度都较高。一般都是采用丝杠和螺母组成的运动副将旋转运动变为工作台的直线运动，丝杠和螺母间必须消除间隙。

③ 走丝系统。快走丝电火花线切割机床的走丝系统由丝架、储丝筒、导丝轮、张力调节器等组成。走丝系统如图1-3所示。一定长度的电极丝平整地卷绕在丝筒上，电极丝张力与排绕时的拉紧力有关，储丝筒通过联轴节与驱动电动机相连。为了重复使用该段电极丝，电动机由专门的换向装置控制做正反向交替运转。走丝速度等于储丝筒周边的线速度，通常为 8～10 m/s。在运动过程中，电极丝由丝架支撑，并依靠导丝轮承担电极丝的高速移动，并保持电极丝与工作台垂直或倾斜一定的几何角度。当电极丝工作一定程度时会有所伸长，使得电极丝张力减小，影响加工精度和表面粗糙度，张力调节器的作用就是把伸长的丝收入张力调节器，使运行的电极丝保持在一个恒定的张力上，也称恒张力机构。

图1-3　走丝系统

（4）脉冲电源。受加工表面粗糙度和电极丝允许承载电流范围的限制，线切割加工脉冲电源的脉宽较窄（2～60 μs），单个脉冲能量及平均电流较小，所以线切割加工（电火花线切割加工）总是采用正极性加工。

（5）控制系统。电火花线切割加工的控制系统一般采用数控系统，具体有以下两方面的作用。

① 轨迹控制作用。控制系统精确地控制电极丝的运动轨迹，使零件获得所需的形状和尺寸。

② 加工控制。控制系统能根据放电间隙大小与放电状态控制进给速度，使之与工件材料的蚀除速度相平衡，保持正常的稳定切割加工。

目前绝大部分机床采用数字程序，并且普遍采用绘图式编程技术，操作者首先在计算机屏幕上画出要加工的零件图形，线切割专用软件（如 YH 软件、CAXA 线切割软件）会自动将图形转化为 ISO 代码或 3B 代码等线切割程序。

（6）工作液循环系统。工作液循环系统中的工作液循环与过滤装置主要包括工作液箱、工作液泵、流量控制阀、进液管、回液管和过滤网罩等，是电火花线切割机床必不可少的部分。工作液的作用是及时地从加工区域中排除电蚀材料，并连续充分供给清洁的工作液，以保证脉冲放电过程稳定、顺利。

3. 电火花线切割机床主要工艺指标

（1）切割速度。线切割机床的切割速度是指在保证一定表面粗糙度的切割过程中，单位时间内电极丝中心线在工件上切过的面积总和，单位为 mm²/min。最高切割速度是指在不计切割方向和表面粗糙度等条件下，所能达到的最大切割速度。通常快走丝线切割机床加工时的切割速度为 40～80 mm²/min，切割速度的快慢与加工电流的大小有关。为了在不同脉冲电源、不同加工电流下比较切割效果，将每安培电流的切割速度称为切割效率，一般切割效率为 20 mm²/（min · A）。

（2）加工精度。加工精度是指线切割机床所加工工件的尺寸精度、形状精度和位置精度的总称。加工精度是一项综合指标，它包括切割轨迹的控制精度、机械传动精度、工件装夹定位精度以及脉冲电源参数的波动、电极丝的直径误差、损耗与抖动、工作液脏污程度的变化、加工操作者的熟练程度等对加工精度的影响。

（3）表面粗糙度。在我国和欧洲，表面粗糙度常用轮廓算术平均偏差 Ra（μm）来表示，在日本常用 R_{max} 来表示。

（4）电极丝损耗量。对于快走丝线切割机床，电极丝损耗量用电极丝在切割 10 000 mm^2 面积后电极丝直径的减少量来表示，一般减小量应该小于 0.01 mm。对于慢走丝线切割机床，由于电极丝的使用是一次性的，故电极丝损耗量可忽略不计。

二、电火花线切割加工原理及特点

1. 电火花线切割加工的原理

电火花线切割加工的原理是利用移动的细金属丝（快走丝线切割加工常用的是钼丝，慢走丝线切割加工常用的是黄铜丝）作为电极工具，在细金属丝与工件间加脉冲电流，对工件进行脉冲火花放电，利用放电通道里的瞬时高温来蚀除金属、切割成型。

2. 电火花线切割加工的特点

（1）电火花线切割加工是轮廓切割加工，不需要设计和制造成型工具电极，极大地降低了加工成本，缩短了生产准备时间。

（2）沿轮廓对工件材料进行切割加工（也称套料加工）时，材料利用率高，特别是贵金属材料的加工利用率。

（3）电火花线切割加工直接利用电能在工具电极和工件间脉冲放电加工，没有普通机床加工中的切削力，适宜于加工刚度低和细小的零件。

（4）电火花线切割能加工硬度高且能导电或半导电的材料。

（5）电极丝连续不断地通过切割区，单位长度电极丝的损耗量较小，加工精度高。

（6）一般采用水溶液作为工作液，能够避免发生火灾，安全可靠，可实现连续加工。

（7）利用计算机控制的补偿功能，可加工零件上的直壁曲面，也可进行锥度切割和加工凹凸模、球形体等零件。

（8）无法加工盲孔及纵向阶梯表面。

三、线切割机床的基本操作

1. 开机操作步骤

（1）按下启动按钮，关闭上丝电动机。

（2）启动运丝电动机。

（3）启动工作液泵，调节好工作液流量，使工作液完全包裹住电极丝。

（4）打开断丝保护开关。

（5）接通电源，线切割机床开始按预定程序加工。

2. 关机步骤

（1）断开电源。

（2）关闭工作液泵。

（3）关闭运丝电动机。

（4）关闭总电源。

3. 操作面板使用简介

线切割机床操作面板如图 1-4 所示。

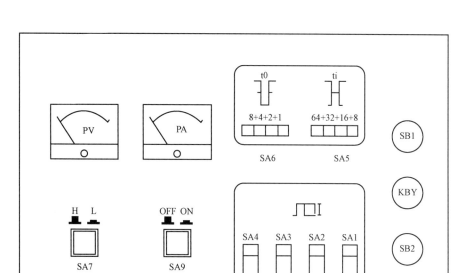

图 1-4 线切割机床操作面板

SB1：急停按钮。

SB2：启动按钮。

KBY（略）。

SA1～SA4：高频功放电流选择开关。

SA5：高频脉冲宽度选择琴键开关。

SA6：高频脉冲间隔选择琴键开关。

SA7：高低压切换按钮（L 表示低压，H 表示高压）。

SA9：加工结束停机转换按钮（OFF 表示停机床电气，ON 表示全停，既停机床电气，也停控制台。）。

PA：加工高频电流表。

PV：高频取样电压表。

4. 线切割机床的上丝及穿丝操作

（1）上丝。上丝路径如图 1-5 所示，上丝的步骤如下。

① 按下储丝筒停止按钮，断开断丝检测开关。

② 将丝盘套在上丝电动机轴上，并用螺母锁紧。

③ 用摇手将储丝筒摇至一端位置且与极限位置保留一段距离。

④ 将丝盘上电极丝一端拉出绕过上丝介轮、导轮，并将丝头固定在储丝筒端部的紧固螺钉上。

⑤ 剪掉多余丝头，顺时针转动储丝筒几圈后打开上丝电动机开关，拉紧电极丝。

⑥ 转动储丝筒，将电板丝缠绕至 10～15 mm 宽度，取下摇手，松开储丝筒停止按钮，将调速旋钮调至"1"挡。

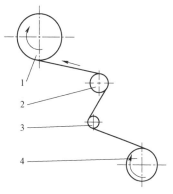

图 1-5 上丝路径

1—储丝筒；2—导轮；3—上丝介轮；
4—上丝电动机

⑦ 调整储丝筒左右行程挡块，按下储丝筒开启按钮开始绕丝。

⑧ 接近极限位置时，按下储丝筒停止按钮。

⑨ 拉紧电极丝，关掉上丝电动机，剪掉多余电极丝并固定好丝头，自动上丝完成。

小提醒：

上丝、紧丝过程中，要确认电极丝在导轮沟里面，并且接触良好。不同的机床上丝路径中的导轮位置不尽相同，需要根据相关说明或者在老师指导下进行操作。

（2）穿丝操作。穿丝操作如下。

① 拉动电极丝丝头，按照操作说明书依次绕接各导轮、导电块至储丝筒。在操作中要注意手拉的力度，防止电极丝打折。

② 穿丝开始时，首先要保证储丝筒上的电极丝与辅助导轮、张紧导轮、主导轮在同一个平面上，否则在运丝过程中，储丝筒上的电极丝会重叠，从而导致断丝。

③ 穿丝后人工启动行程开关时，要注意储丝筒移动的方向，并要调整左右行程挡杆，使储丝筒左右往返换向时，储丝筒左右两端留有 3～5 mm 的电极丝余量。

（3）储丝筒行程调整。穿丝完毕后，根据储丝筒上电极丝的多少和位置来确定储丝筒的行程。为防止机械性断丝，在行程挡块确定的长度之外，储丝筒两端还应留有一定的储丝量。具体调整方法如下。

① 用摇把将储丝筒摇至在轴向剩下 8 mm 左右的位置停止。

② 松开相应的限位块上的紧固螺钉，移动限位块至接近行程开关的中心位置后固定。

③ 用同样的方法调整另一端，两行程挡块之间的距离即储丝筒的行程。

若手动上丝，则无须开启储丝筒，用摇手匀速转动储丝筒即可将丝上满。在上丝和穿丝操作中，要注意储丝筒上、下边丝不能交叉，摇把使用后必须立即取下，以免误操作使摇手甩出，造成人身伤害或设备损坏；上丝结束时，一定要沿绕丝方向拉紧电极丝再关断上丝电机，避免电极丝松脱造成乱丝。

5. 加工工件的装夹

工件的装夹对线切割加工零件的定位精度有直接影响，特别是在模具制造等加工过程中，更需要认真仔细。线切割加工的工件在装夹中一般有以下 7 点注意事项。

① 工件一般以磨削加工过的面作为定位面，要求有良好的精度，棱边倒钝，孔口倒角。

② 切入点要导电，热处理件切入处要去除残物及氧化皮。

③ 热处理件要充分回火去应力，平磨件要充分退磁。

④ 工件装夹的位置应利于工件找正，并应与机床的行程相适应，夹紧螺钉高度要合适，避免干涉到加工过程，上导轮要压得较低。

⑤ 对工件的夹紧力要均匀，不得使工件变形或翘起。

⑥ 批量生产时，最好采用专用夹具，以提高生产率。

⑦ 当加工精度要求较高时，工件装夹后必须通过百分表来校正，使工件平行于机床坐标轴，垂直于工作台。

6. 电极丝的定位

电火花线切割机床加工的范围很广，如果有些工件的加工部位要以已加工好的外形面或圆孔、矩形孔为定位基准时，就必须先确定电极丝在这些定位基准中的位置。例如，确定电极丝与外形面相切时的位置，确定电极丝在圆孔、矩形孔的中心位置，再按程序移动电极丝到加工部位进行加工，这样才能保证工件的位置精度。一般的电火花线切割机床都具有自动找端面、自动找中心的功能。

（1）自动找端面。自动找端面是靠检测电极丝与工件之间的短路信号来进行的，可分为粗定位和精定位两种。把增量进给按键置于"×100"或"×1 000"位置时为粗定位；把增量进给按键置于"×1"或"×10"位置时为精定位，一次进给 0.001 mm 或 0.01 mm。对于高精度零件，要进行多次精定位，用平均值求出定位坐标值。

（2）自动找中心。自动找中心和自动找端面的原理相同。找孔中心时，系统先后对 X、Y 两轴的正负方向自动定位，自动计算平均值，并定位在中点。X、Y 两轴的正负方向定位如图 1−6 所示，先定位在圆的 X 方向的中点，再定位在圆的 Y 方向的中点，即是该圆的圆心。影响自动找中心精度的关键是孔的精度和表面粗糙度。特别是热处理后最好对定位孔进行磨削，以清除孔的氧化层。

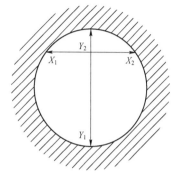

图 1−6 X、Y 两轴的正负方向定位

四、电火花线切割机床安全操作规程

1. 开机前的准备工作

（1）开机前要给各润滑点加油，检查电极丝是否安装到位、储丝筒手柄是否归置到安全地方、工作液箱是否盛满皂化油水液并保持清洁，检查各管道接头是否牢固。

（2）检查机床与控制箱的连线是否接好，输入信号是否与拖板移动方向一致，并将高频脉冲电源调好。

（3）检查工作台纵横向行程是否灵活，滚丝筒拖板往复移动是否灵活，并将滚丝筒拖板移至行程开关在两挡板的中间位置。行程开关挡块要调在需要的范围内，以免开机时滚丝筒拖板冲出造成脱丝。必须在滚丝筒移动到中间位置时，才能关闭滚丝筒电动机电源，切勿在将要换向时关闭，以因为免惯性作用使滚丝筒拖板移动而冲断钥丝，甚至导致丝杆螺母脱丝。

（4）开机慢速空转 3 分钟 min，检查各传动部件是否正常，确认无故障后，才可正常使用。

2. 机床安全操作规程

电火花线切割机床加工操作时，为不使机床及人员受到损坏及危害，必须严格按照以下操作规程执行。

（1）进入线切割实训车间必须穿合身的收袖工作服，戴工作帽，禁止穿高跟鞋、拖鞋、凉鞋、短裤、裙子等。只有经过此类机器设备培训的人员才能获准使用该机器设备。

（2）为了避免工作液及电柜过热，冷却系统必须处于连续工作状态。

（3）为了避免直接接触到通电的电线，必须关闭机台防护门。

（4）加工者应熟练掌握操作面板各按键的具体功能及使用中的状态，并且在机台的操作过程中灵活运用。同时应熟知画面的转换，特别是几个重要的画面（如准备画面，观察画面）所具有的功能。

（5）在加工工件时，应注意装夹方式是否会伤到加工平台，在使用时应保持平台干燥，若长期不使用，应涂抹防锈油以保护机床。

（6）在架设工件时，应注意切割过程中是否会撞到上下机头，对于有加工小孔的工件应采用特殊的加工工艺，避免因废料无法取出而造成卡料，影响机床精度。

（7）工件的装夹以方便和稳固为原则，在架设工件时压紧力以工件不被水冲动为原则。

（8）加工过程中，经常会遇到使用一般架模方法无法加工的工件，此时就必须使用特殊的夹具。

（9）加工时应特别注意电压表的电压是否在规定的标准范围内。

（10）加工中不能直接用手触摸工件及电极丝，落料时应注意避免料头卡机头的现象，料头较难取出时要注意设备和手指不受到伤害。

（11）操作人员加工后应注意勤洗手，特别在用餐前应洗净双手，避免因杂质较多的工作液摄入而危害身体健康。

（12）在电源柜内部或机床的电器件上进行各种维修和检测时，总开关必须置于"OFF"位置，并设立标示牌（维修中勿开电源）。

（13）维修和检测时，必须遵守安全指示，在进行任何维修工作之前都必须查阅手册中的相应章节。

（14）只有当控制柜切断电源后，才能触摸电子组件。拿组件时只能抓住把手，不要接触到印刷电路板的镀金线。

（15）应注意及时更换设备易损耗件，以保持机床精度。

（16）工作结束或下班时要切断电源，擦拭机床及全部控制装置，保持机床整洁，最好用保护罩将计算机全部盖好，清扫工作场地（要避免灰尘飞扬），特别是要将机床的导轨滑动面擦干净，并涂抹润滑油，认真做好运行记录。

◎ 项目总结

本项目从电火花线切割机床的产生、型号的含义、机床的类型、机床的主要结构、机床的基本操作、机床的操作安全规程等各方面进行介绍，让学生循序渐进地认识并学会操作电火花线切割机床。

◎ 拓展案例

电火花线切割机床的操作实训

一、任务布置

熟悉电火花线切割机床的操作面板和其他相关操作按钮的功能和作用。

二、实训内容

1. 控制面板的认识

电火花线切割机床的控制面板如图1-7所示。

（1）CRT显示器：显示人机交换的各种信息，如坐标、程序等。

（2）电压表：指示加工时流过放电间隙两端的平均电压（即加工电压）。

（3）电流表：指示加工时流过放电间隙两端的平均电流（即加工电流）。当加工稳定时，电流表指针稳定；加工不稳定时，电流表指针左右急剧摆动。

（4）主电源开关：按下开关后，机床通电。使用结束时，要关断。

（5）启动按钮：绿色按钮按下后，指示灯亮，机器启动。在加工过程中，应首先合上主电源开关，再按绿色启动按钮。

（6）急停按钮：红色蘑菇状按钮，在加工过程中遇到紧急情况即按此按钮，机器立即断电并停止工作。机器要重新启动时，必须顺时针拧出急停按钮，否则按启动按钮机器也不能启动。

图 1-7 电火花线切割机床的控制面板

（7）键盘、鼠标、主机箱等：操作与普通计算机相同。

2. 手控盒的操作

手控盒的图标与对应按键的功能如表 1-1 所示。

表 1-1 手控盒的图标与对应按键的功能

图 标	功 能
⇉ ⇒ →	点动速度键：分别代表高、中、低速，与 X、Y、Z 坐标键配合使用，开机为中速。在实际操作中如果选择了点动高速挡，使用完毕后最好选择点动中速挡过渡之后再关闭，以延长机器的使用寿命
+X −X +Y −Y +Z −Z +U/+C −U/−C	点动移动键：指定轴及运动方向。定义如下：面对机床正面，工作台向左移动（相当于电极丝向右移动）为 +X，反之为 −X；工作台移近工作台为 +Y，远离为 −Y；U 轴与 X 轴平行，V 轴与 Y 轴平行，方向定义与 X、Y 轴相同。根据轴移动的行程，点动移动键要与点动速度键结合使用
⊘	OFF 键：中断正在执行的操作。在加工中一旦按 OFF 键中止加工，则按恢复加工键时无法从中止的地方再继续加工，所以要慎重操作
R	RST 键：即恢复加工键。加工中需要按暂停键，加工暂停后，再按此键恢复暂停的加工
✐	PUNP 键：工作液泵开关。按下开泵，再按停止，开机时为关。开泵功能与 T84 代码相同，关泵功能与 T85 代码相同

图标	功　能
	忽略解除感知键：当电极丝与工件接触后，按住此键，再按手控盒上的轴向键，能忽略接触感知继续进行轴的移动。此键仅对当前的一次操作有效，其功能与 M05 代码相同
	暂停键：在加工状态，按下此键将使机床动作暂停。此键功能与 M00 代码相同
	确认键：在出错或某些情况下，其他操作被中止，按此键确认。系统一般会在屏幕上提示
	启动或停止储丝筒运转键：按下运转键后功能与 T86 代码相同，再按停止键功能与 T87 代码相同
	确认键：开始执行 NC 程序或手动程序，也可以按键盘上的<Enter>键

小提醒：

各种不同型号、不同品牌的机床上手控盒的操作都要根据对应机床厂家的使用说明书进行操作。

项目二

电火花线切割机床的绘图与编程操作

≫ 项目提出

在数控机床中有两种编辑程序的方式,一种是人工编程,另一种是自动编程。人工编程是指采用各种数学方法,使用一般的计算工具,人工地对编程所需的数据进行处理和运算。为了简化编程工作,利用电子计算机进行的自动编程是必然趋势。自动编程使用专用的数控语言及各种输入手段向计算机输入必要的形状和尺寸数据,利用专门的应用软件即可求得各交切点坐标及编写加工程序所需的数据。本项目学习的内容主要是了解数控电火花线切割机床的绘图,学会 Autop 线切割编程系统,掌握数控线切割手工编程、3B 程序的编写。

≫ 项目分析

Autop 的作图是以模拟手工作图为主的,这是一种不同于经典 CAD 的作图思想。一般来说,经典 CAD 的作图思想追求的目标是"科学高效",Autop 的作图思想则仅限于满足"简单朴素"这样的一般目标。Autop 软件诞生于十多年以前,如今,Autop 依然受欢迎,这其中除了人们的操作惯性在起作用外,更多的是由于 Autop 采用了一种更适宜于线切割软件编程的作图思想。

线切割编程同经典 CAD 编程并不完全相同,线切割编程要简单得多,是 CAD 平面作图的一个子集。另外,同普通 CAD 编程强调轮廓的特点不同,线切割编程更多的是强调"连接"。但在了解 Autop 的作图思想之前,需要先来分析一下线切割编程的目标——产生 3B/4B 代码,从而帮助了解为什么线切割编程需要强调"连接",并进而理解 Autop 的某些作图思想。

≫ 项目实施

一、绘图与编程功能介绍

1. 线切割加工的步骤

目前生产的电火花线切割机床都有计算机自动编程功能,即可以将线切割加工的轨迹图形自动生成机床能够识别的程序。线切割程序与其他数控机床的程序相比,有以下两个特点。

(1)线切割程序普遍较短,很容易读懂。

(2)国内线切割程序常用格式有 3B(个别扩充为 4B 或 5B)格式和 ISO 格式。其中慢走丝线切割机床普遍采用 ISO 格式,快走丝线切割机床大部分采用 3B 格式,但 ISO 格式是发展趋势,如泰州东方数控公司生产的快走丝线切割机床。

线切割加工的步骤如图 2-1 所示。

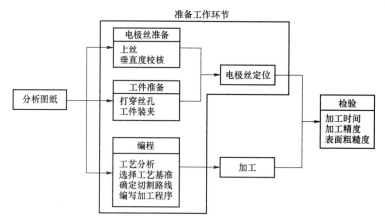

图 2-1 线切割加工的步骤

2. 3B 代码格式和 Autop 的作图思想

线切割加工轨迹图形是由直线和圆弧组成的，它们的 3B 程序指令格式如表 2-1 所示。

表 2-1 3B 程序指令格式

指令	B	X	B	Y	B	J	G	Z
含义	分隔符	x 坐标值	分隔符	y 坐标值	分隔符	计数长度	计数方向	加工指令

注：B 为分隔符，它的作用是将 X、Y、J 数码区分开来；X、Y 为增量（相对）坐标值；J 为加工线段的计数长度；G 为加工线段计数方向；Z 为加工指令。

1）直线的 3B 代码编程

（1）x、y 值的确定。x、y 值的确定方法如下。

① 以直线的起点为原点，建立直角坐标系，x、y 表示直线终点的坐标绝对值，单位为 μm。

② 在直线 3B 代码中，x、y 值主要是确定该直线的斜率，所以可将直线终点坐标的绝对值除以它们的最大公约数作为 x、y 的值，以简化数值。

③ 若直线与 X 或 Y 轴重合，为区别一般直线，x、y 均可写作 0，也可以不写。

直线轨迹如图 2-2 所示，图 2-2（a）为轨迹形状，若以图 2-2（b）、图 2-2（c）和图 2-2（d）三种方式建立直角坐标系，请试着分别写出其 x、y 值。（注：图形所标注的尺寸中若无说明，单位都为 mm。）

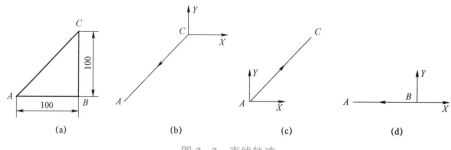

图 2-2 直线轨迹

（2）G的确定。G是用来确定加工时的计数方向，分Gx和Gy。直线编程计数方向的选取方法是：以要加工直线的起点为原点，建立直角坐标系，取该直线终点坐标绝对值大的坐标轴为计数方向。G的确定如图2-3所示。具体确定方法为：若终点坐标为(x_e, y_e)，令$x=|x_e|$，$y=|y_e|$，若$y<x$，则$G=Gx$，见图2-3（a）；若$y>x$，则$G=Gy$，见图2-4（b）；若$y=x$，则在一、三象限取$G=Gy$，在二、四象限取$G=Gx$。

由上可见，计数方向的确定以45°线为界，取与终点处走向较平行的轴作为计数方向，具体可参见图2-3。

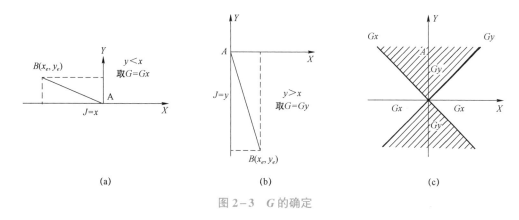

图2-3 G的确定

（3）J的确定。J为计数长度，以μm为单位。以前编程时，J的取值应写满六位数，不足六位的应在前面补零，而现在的机床基本上可以不用补零了。

J的取值方法为：由计数方向G确定投影方向，若$G=Gx$，则将直线向X轴投影得到长度的绝对值即为J的值；若$G=Gy$，则将直线向Y轴投影得到长度的绝对值即为J的值。

（4）Z的确定。加工指令Z按照直线走向和终点的坐标不同分为L1、L2、L3、L4。当直线在第一象限时，加工指令与+X轴重合的直线记作L1，与-X轴重合的直线记作L3，与+Y轴重合的直线记作L2，与-Y轴重合的直线记作L4，Z的确定如图2-4所示。

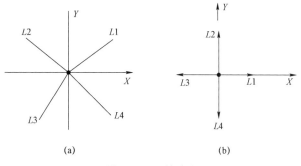

图2-4 Z的确定

二、Autop的常用作图功能

1. 绘制点

在Autop中作点主要通过三种方式，即坐标点、编辑点、关系点。

Autop 作坐标点的功能菜单有"XY 点""极坐标点"和"光标任意点"。"XY 点"采用"X，Y"的格式输入点数据。"极坐标点"采用极坐标原点加极角（角度）加极径（长度）的方式来输入点数据，"光标任意点"以光标当前点数据作为输入点的坐标数据。

Autop 还可以通过"旋转点"和"对称点"的方式来输入点数据。"旋转点"是以某一点为中心点，通过一定的旋转角度、一定的旋转次数复制的多个点。"对称点"是以某一直线为对称轴作该点的轴对称点。

通常用得更多的是通过图形间的关系来作点，包括"圆上点""中点""单坐标点""CL交点"和"交点"等。Autop 没有作出圆心点的功能，要求圆或圆弧的圆心，只要在"XY 点"功能中，将光标指向圆或圆弧就可以了。"圆上点"是作圆上某一角度的点。"中点"是求两点间的中点。

"单坐标点"的操作比较不好理解，下面作两个示例。

直线单坐标点：选定直线——输入"X5"，即表示在该直线上 X 坐标为 5 的点。

圆弧单坐标点：选定圆弧——输入"Y6"，即表示在该圆弧上 Y 坐标为 6 的点。

"CL 交点"其实等同于"交点"，但 CL 不要求待求的交点在图形上可见，只要两图形元素延长后可相交，"CL 交点"功能就可求出此一交点。

2. 绘制辅助线

在 Autop 中绘制辅助线主要是通过"点＋角度"或"法向式直线"来作出的。"点＋角度"的操作很容易理解，就是过某一点与 X 轴正方向成某一角度的直线。"法向式直线"是通过将 Y 坐标轴平移加旋转来绘制辅助线的。如：输入法向长度 10——角度 45°，就是将 Y 坐标轴的右平移 10 个单位，再旋转 45 度。

辅助线也可以通过"平移直线""对称直线"或"点线夹角"的方式作出。

3. 绘制直线

通过"两点直线"功能绘制直线是在 Autop 中常用的绘制直线方法。另外，通过图形元素间的关系，还可以使用"点线夹角""尾垂直线""点切于圆""两圆公切线""线圆夹角""点射线"和"圆射线"等多种方式来绘制直线。

"点线夹角"是指作一条通过选定点并与选定直线成一定夹角的直线，如果这个点在选定直线外，将连接交点成一直线，否则为辅助线。"尾垂直线"是指过直线上某一点的垂线。"点切于圆"是指过圆外一点作圆的切线，并连接切点成直线。"两圆公切线"是指同时相切于两个圆的切线。"线圆夹角"是指与选定圆相切并与选定直线成某一夹角的直线。"点射线"是过点的辅助线与另一图形元素相交，连接点和交点所成的直线。"圆射线"是圆的切线与另一图形元素相交，连接切点和交点所成的直线。

直线也可以通过"平移直线""对称直线"或"点线夹角"的方式作出。

4. 绘制圆

在 Autop 中除了通过标准的"点＋半径"的方式绘制圆外，"圆心＋切""心线＋切""过点＋切"和"三切圆"也是主要的作圆方式。

"圆心＋切"是指已知相切于另一图形元素的圆。"心线＋切"是已知圆心所在直线并相切于另一图形元素的圆。"过点＋切"是已知圆上一点并相切于另一图形元素的圆。"三切圆"是与三个图形元素同时相切的圆。

除此之外，在 Autop 中还可以将圆弧修改成圆，或作圆的轴对称圆。

5. 绘制圆弧

在 Autop 中，"二点＋半径""二点＋圆心""尖点变圆弧"和"过渡圆弧"是主要绘制圆弧的功能。

"二点＋半径"是已知圆上两点和半径的圆弧。"二点＋圆心"是已知圆上两点和圆心的圆弧。"尖点变圆弧"常用来为图形尖角添加过渡圆弧。"过渡圆弧"的功能相似于"尖点变圆弧"，但不要求过渡圆弧的两图形元素间有尖角交点。

除此之外，在 Autop 中还可以作圆弧的对称圆弧。

6. 块操作

当需要对多个图形元素进行相同的操作时，在 Autop 中对这些图形元素选建块，再对块进行操作，从而实现对多个图形元素执行同一操作的目的。建块可以通过窗口选择（窗口建块）的方式一次性选择多个图形元素，也可以通过逐个添加（增加块元素）的方式来建立块。在块使用过后，如果已不再需要保留当前块，可以通过"取消块"的操作删除该块。

对块的集体操作有"块旋转""块拷贝""块对称"和"删除块元素"四种方式。

三、Autop 的列表曲线功能

1. 椭圆

椭圆图形如图 2-5 所示。其计算表达式为

$$x=a\times\cos t$$
$$y=b\times\sin t$$

参数意义如下。

参数 a 指椭圆 X 半轴长度。

参数 b 指椭圆 Y 半轴长度。

2. 抛物线

抛物线图形如图 2-6 所示。其计算表达式为

$$y=2K\times t$$
$$x=2K\times t\times t$$

参数意义如下。

参数 K 指抛物线准距。

起始参数、终止参数为 t 的范围值，要求起始参数一定比终止参数小。

3. 渐开线

渐开线图形如图 2-7 所示。其计算表达式为

$$x=R_b\times(\cos t+t\times\sin t)$$
$$y=R_b\times(\sin t-t\times\cos t)$$

参数意义如下。

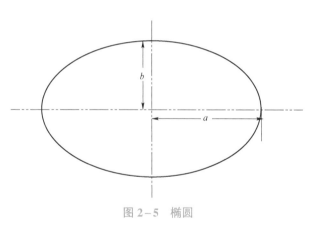

图 2-5　椭圆

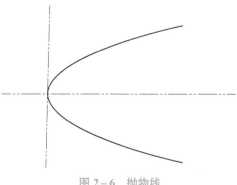

图 2-6　抛物线

15

参数 R_b 指渐开线基圆半径。

起始参数、终止参数为 t 的范围值，要求起始参数一定比终止参数小。

4. 阿基米德螺线

阿基米德螺线如图 2-8 所示。其计算表达式为

$$x = [R_1 + K \times (t - \alpha_1)] \times \cos t$$
$$y = [R_1 + K \times (t - \alpha_1)] \times \sin t$$
$$k = (R_2 - R_1) / (\alpha_2 - \alpha_1)$$

参数意义如下。

参数 α_1 为螺线起始点角度。

参数 R_1 为螺线起始点半径。

参数 α_2 为螺线终止点角度。

参数 R_2 为螺线终止点半径。

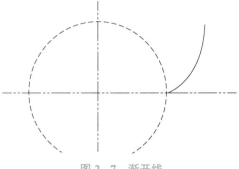

图 2-7　渐开线

5. 齿轮

齿轮图形如图 2-9 所示。

其主要参数如下。

模数是指齿轮模数。

齿数是指齿轮齿数。

有效齿数是指齿轮有效齿数。

压力角是指齿轮压力角（标准齿轮的压力角为 $20°$）。

变位系数是指齿轮变位系数（标准齿轮的变位系数为 0）。

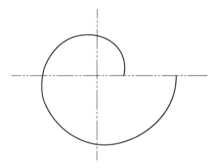

图 2-8　阿基米德螺线

齿顶圆系数是指齿顶高系数（标准齿轮的齿顶圆系数为 1 倍模数）。

齿根圆系数是指齿顶隙系数（标准齿轮的齿根圆系数为齿轮模数的 25%）。

齿根过渡圆弧系数是指轮廓与齿根圆弧的过渡圆弧系数（常取值在齿轮模数的 30%～40% 之间）。

Autop 还可以通过输入列表和磁盘列表的方式来将数据点拟合成圆弧，但这些功能相对于 CAD 来说难以实现，而且能获得的精度和效果也不好。

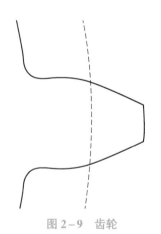

图 2-9　齿轮

四、绘图与编程基本操作方法

Autop 是中文交互式图形线切割自动编程软件，它采用鼠标器进行图形操作，全中文会话，操作者不需要学习任何机器语言，也不需要书写任何代码，没有大、小、内、外、左、右、上、下的概念，只要看懂零件图纸，就可以编出数控线切割程序。

Autop 有丰富的集成菜单，可以处理各种函数曲线及列表曲线，并用光滑的双圆弧进行

拟合，自动处理刀偏和尖点，还可以处理各种跳步模加代码和跳步暂停码，可编制 3B、LRB 和 ZXY 格式数控程序，具有完整的打印和图形输出功能，能与数控机床联机通信。

鼠标器是 Autop 图形操作最基本的部件，它上部有三个按钮，底部有一个滚轮，移动鼠标时滚轮产生运动信号。滚轮在桌面上移动，等效于键盘上的"↑""↓""←""→"四个键。

左按钮在菜单区等效于<ENTER>键，表示选取某一菜单，在回话区，当出现（Y/N）时，等效于（Y）键，表示 Y。中按钮在菜单区等效于 R 键，即将图形重新画一遍，在回话区，当出现（Y/N）时，等效于（N），表示 N。右按钮等效于键盘上的<Esc>键，用于中止输入或选择等。

在菜单区，先按右按钮，接着按左按钮，如果已经排出加工路线，则将加工路线重画一遍。

在 Autop 中，点以加粗的形式被强调，这是极符合连接点在线切割加工中的重要性的。点是 Autop 中作图的基础，"两点直线""点＋半径""点＋角度"和"点切于圆"等许多菜单功能都需要有点。另外，Autop 的打断操作也被定义为执行图形两点间的打断。

除点之外，在 Autop 中非常重要的另一种辅助作图元素是辅助线。辅助线是在 Autop 中建立作图网格的重要方式，在 Autop 中没有像 CAD 软件那样的正交作图模式，辅助线在某种意义上就起着代替 CAD 正交作图模式的作用。例如，在作一个边长为 20 mm 的正方形时，在 Autop 中，正统的作图方法不是直接输入四个点的坐标值连成直线，而是作四条辅助线，求交点，然后连接交点成直线，Autop 中绘制正方形方法如图 2-10 所示。

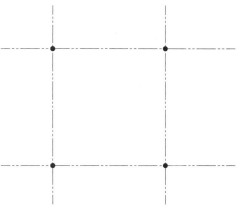

图 2-10　Autop 中绘制正方形方法

作图步骤：

（1）直线平移——X——10——Y；
（2）直线平移——X——10——N——Y；
（3）直线平移——Y——10——Y；
（4）直线平移——Y——10——N——Y；
（5）交点——依次单击四个交点；
（6）两点直线——连接交点成直线。

Autop 还有一些辅助作图的功能，这些功能有同放大镜功能有关的如"窗口""满屏""缩放"和"上一屏图形"，也有同刷新图形有关的三个快捷键"E 键""R 键"和"T 键"。

注：
"窗口"：窗口放大显示；
"满屏"：满屏显示，显示所有图形；
"缩放"：按比例放大或缩小图形显示；
"上一屏图形"：按上一次的位置和缩放比例显示图形；
"E 键"：重画图形，不画点；
"R 键"：重画图形，画点；
"T 键"：重画加工路线。

Autop 也提供了"移动图形"的功能，在点菜单——移动功能中，按小键盘的"4"键向左移动图形，按"6"键向右移动图形，按"8"键向上移动图形，按"2"键向下移动图形。要记住这些规则并不难，因为"4""6""8""2"键正好也是小键盘中左右上下的功能键。（注：由于上下左右方向键在 Autop 中被定义用来移动光标，所以上述操作只在小键盘的数字键有效的状态下有效。）

Autop 作图时没有 CAD 常用的那种橡皮线功能，这使它看起来更贴近于手工作图的朴素性。Autop 的另一项功能——相对功能使它的作图更像是手工作图。相对功能是 Autop 为正在编辑的图形提供多个观察视角而提供的一种功能，利用它可以像看一个工件一样，移动、翻转、旋转图形，交换多个不同视角来观察同一图形。相对功能是 Autop 独特于 CAD 类软件的特色功能。

五、加工软件界面操作

1. Autop 绘图软件工作界面的认识和功能简介

Autop 绘图软件工作界面如图 2-11 所示。

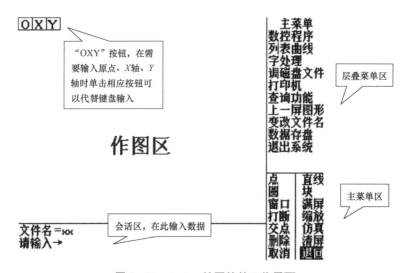

图 2-11　Autop 绘图软件工作界面

2. Autop 主菜单定义

Autop 主菜单定义如表 2-2 所示。

表 2-2　Autop 主菜单定义

数控程序	进入数控程序菜单，进行数控程序处理
列表曲线	进入列表曲线菜单，处理各种列表曲线
字处理	进入字处理环境，对文件进行字处理
调磁盘文件	将磁盘上的一个图形数据文件调入计算机内存
打印机	用打印机输出图形数据、数控程序和打印图形
查询功能	用光标查询点、线、圆和圆弧的几何坐标参数

续表

上一屏图形	恢复使用窗口或缩放之前的图形画面
变改文件名	改变当前文件名称
数据存盘	将图形数据存盘，以便今后使用
退出系统	退出 Autop 图形状态

3. Autop 固定菜单定义

Autop 固定菜单定义如表 2-3 所示。

表 2-3　Autop 固定菜单定义

点	进入点菜单	直线	进入直线菜单
圆	进入圆菜单	块	进入块编辑菜单
窗口	用窗口将图形放大	满屏	满屏幕显示全部图形
打断	打断编辑	缩放	按倍数将图形放大或缩小
交点	求任意的交点	伪真	仿真画出加工路线
删除	删除点线圆	清屏	将屏幕清屏，但不删除数据
取消	取消上一步图形输入	退回	退到主菜单

六、加工操作实训

1. 3B 格式零件编程加工实例

编制如图 2-12 所示的凸凹模数控线切割程序。电火花线切割机床所用的电极丝是直径为 0.1 mm 的钼丝，单面放电间隙为 0.01 mm。（图示尺寸是根据刃口尺寸公差及凸凹模配合间隙计算出的平均尺寸。）

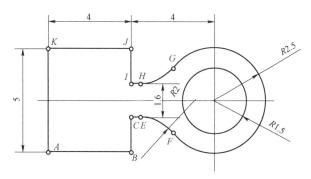

图 2-12　凸凹模数控线切割程序

1）工艺处理

（1）确定计算坐标系。由于图形上、下对称，孔的圆心在图形的对称轴上，圆心为坐标原点。因为图形对称于 X 轴，所以只需求出 X 轴上半部（或下半部）钼丝中心轨迹上各段的交点坐标值使计算过程简化即可。

（2）确定补偿距离。补偿距离为：$\Delta R = (0.1/2) + 0.01 = 0.06$（mm）。

（3）计算交点坐标。

（4）编写程序。切割凸凹模时，不仅要切割外表面，而且还要切割内表面，因此要在凸凹模型孔的中心处钻穿丝孔。先切割型孔，然后再按 $B \rightarrow C \rightarrow E \rightarrow F \rightarrow G \rightarrow H \rightarrow I \rightarrow J \rightarrow K \rightarrow A \rightarrow B$ 的顺序切割。

2）3B 代码程序

3B 代码程序如下所示。

```
B        B        B 001040 Gx L3; 穿丝切割
B 1040 B          B 004160 Gy SR2;
B        B        B 001040 Gx L1;
D                          拆卸钼丝
B        B        B 013000 Gy L4; 空走
B        B        B 003740 Gx L3; 空走
D                          重新装上钼丝
B        B        B 012190 Gy L2; 切入并加工 BC 段
B        B        B 000740 Gx L1;
B        B 1940 B 000629 Gy SR1;
B 1570 B 1439 B 005641 Gy NR3;
B 1430 B 1311 B 001430 Gx SR4;
B        B        B 000740 Gx L3;
B        B        B 001300 Gy L2;
B        B        B 003220 Gx L3;
B        B        B 004220 Gy L4;
B        B        B 003220 Gx L1;
B        B        B 008000 Gy L4; 退出
D                          加工结束
```

3）ISO 代码程序

ISO 代码程序如下。

H000 = +00000000;	//空走
H001 = +00000110;	M05 G00 Y−2750;
H005 = +00000000;	M00;
T84;	//穿丝
T86;	H000 = +00000000;
G54;	H001 = +00000110;
G90;	H005 = +00000000;
G92 X+0 Y+0 U+0 V+0;	T84;

C007;	T86;
G01 X+100 Y+0;	G54;
G04 X0.0+H005;	G90;
G41 H000;	G92 X−2500 Y−2000 U+0 V+0;
C007;	C007;
G41 H000;	G01 X−2801 Y−2012; G04 X0.0+H005;
G01 X+1100 Y+0;	G41 H000;
G04 X0.0+H005;	C007;
G41 H001;	G41 H000;
G03 X−1100 Y+0 I−1100 J+0;	G01 X−3800 Y−2050; G04 X0.0+H005;
G04 X0.0+H005;	G41 H001;
G03 X+1100 Y+0 I+1100 J+0;	X−3800 Y−750;
G04 X0.0+H005;	G04 X0.0+H005;
G40 H000 G01X+100 Y+0;	X−3000 Y−750;
M00;	G04 X0.0+H005;
//取废料	G02 X−1526 Y−1399 I+0 J−2000;
C007;	G04 X0.0+H005;
G01 X+0 Y+0;	G03 X−1526 Y+1399 I+1526 J+1399;
G04 X0.0+H005;	G04 X0.0+H005;
T85	G02 X−3000 Y+750 I−1474 J+1351;
T87;	G04 X0.0+H005;
M00;	G01 X−3800 Y+750; G04 X0.0+H005;
//拆丝	
M05 G00 X−3000;	

2. ISO 格式零件编程加工实例

　　某一零件的连接件如图 2−13 所示，工件材料是 45 钢，经淬火处理，厚度 40 mm。工件毛坯长宽尺寸为 120 mm×50 mm。

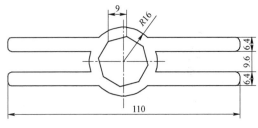

图 2-13　零件连接件

1）确定加工方案

这是一内外轮廓都需加工的零件，由于工件尺寸小且尖角较多，采用数控铣床难以实现，所以确定在快走丝线切割机床上加工。加工前需在毛坯中心先预打一工艺孔作为穿丝孔。选择底平面为定位基准，采用桥式装夹方式将工件横搭于夹具悬梁上并让出加工部位，找正后用压板压紧。加工顺序为先切内孔再进行外轮廓切割。

零件加工方案如图 2-14 所示。

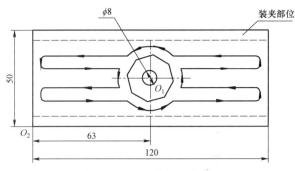

图 2-14　零件加工方案

（1）确定穿丝孔位置与加工路线。穿丝孔位置亦即加工起点，内孔加工以直径为 8 mm 工艺孔中心 O_1 为穿丝孔位置，外轮廓加工的加工起点设在毛坯左侧 X 轴上 O_2 处，$O_1O_2 = 63$ mm，加工路线已图 2-14 中标出。

（2）确定补偿量 F。选用钼丝直径为 0.18 mm，单边放电间隙为 0.01 mm，则补偿量 $F = $（0.18/2）$+ 0.01 = 0.10$（mm），按图中所标加工路线方向，内孔与外轮廓加工均采用右补偿指令 G42。

（3）程序编制。

内孔加工：以工艺孔中心 O_1 点为工件坐标系零点，O_1A 为进刀线（退刀线与其重合），顺时针方向切割。

外形加工：以加工起点 O_2 为工件坐标系零点，O_2B 为进刀线（退刀线与其重合），逆时针方向切割。

该零件的加工程序可分别编制，也可以按跳步加工编制。分别编制即分别编制内孔与外形的加工程序，先装入内孔加工程序，待加工完后，抽丝，X 坐标移动 -63 mm，穿丝后再装入外形加工程序继续加工；跳步加工即把内孔与外形加工程序作为两个子程序由主程序调用一次加工完成。

参考程序（ISO）如下。

主程序：ZHU.ISO

```
    G90;                    绝对坐标
    G54;                    选择工件坐标系 1
    M96 D: NEI.;            调内孔加工子程序 D：\NEI.ISO
    M00;                    暂停，抽丝
    G00 X−63000 Y0;         快速移动至外形加工起点 O₂
    M00;                    暂停，穿丝
    M96 D: WAI.;            调外形加工子程序 D：\WAI.ISO
    M97;                    子程序调用结束
    M02;                    程序结束
```

子程序 1：NEI.ISO

```
    G92 X0 Y0;              建立工件坐标系
    G42 D100;               右补偿
    G01 X8000 Y0;           进刀线
    G01 X400 Y−6928;
    G01 X−4000 Y−6928;
    G01 X−8000 Y0;
    G01 X−4000 Y6928;
    G01 X4000 Y6928;
    G01 X8000 Y0;
    G40;                    取消补偿
    G01 X0 Y0;              退刀线
    M02;
```

子程序 2：WAI.ISO

```
    G55;                    选择工件坐标系 2
    G92 X0 Y0;              建立工件坐标系
    G42 D100;               右补偿
    G01 X8000 Y4800;        进刀线
    G01 X47737 Y4800;
    G03 X47737 Y−4800 I15263 J−4800;
    G01 X8000 Y−4800;
    G01 X8000 Y−11200;
    G01 X51574 Y−11200;
    G03 X74426 Y−11200 I11426 J11200;
    G01 X118000 Y−11200;
    G01 X118000 Y−4800;
    G01 X78263 Y−4800;
    G03 X78263 Y4800 I−15263 J4800;
    G01 X118000 Y4800;
    G01 X118000 Y11200;
```

G01 X74426 Y11200;

G03 X51574 Y11200 I-11426 J-11200;

G01 X8000 Y11200;

G01 X8000 Y4800;

G40;   取消补偿

G01 X0 Y0;   退刀线

M02

2. 操作步骤

以 Autop 的软件型快走丝线切割机床上加工为例，其操作步骤如下。

（1）采用桥式装夹方式装夹工件毛坯，找正后压紧压板。

（2）调整 Z 轴升降手轮，使工件毛坯大致处于上、下主导轮中部。

（3）用手控盒移动工作台使导轮线槽大致位于直径为 8 mm 的穿丝孔中心，穿丝后目测调整电极丝位置至穿丝孔中心。

（4）选择"文件"→"装入"子菜单，调入加工主程序 ZHU.ISO。

（5）选择"文件"→"校验画图"子菜单进行程序校验，确认图形模拟及程序无误后保存该文件。

（6）选择"参数"→"工艺参数"子菜单，输入合理的脉冲参数，并按"F1"键激活。

（7）选择"接口"→"输出接口"子菜单，将光标移到"油泵"处，按<Enter>键启动工作液泵。

（8）选择"运行"→"内存"子菜单，按<Enter>键后，机床开始自动加工。

（9）待内孔加工完毕后，程序暂停，抽丝，取出加工废料。

（10）按<Enter>键，电极丝自动移动到外形加工起点后暂停。

（11）穿丝后再按<Enter>键，机床开始继续加工工件外形。

（12）加工完毕后取下工件，清理机床。

七、手工编程

1. Autop 的软件绘图实例一

为快速掌握该系统的编程方法，下面以一个简单的零件为例，使学生对 Autop 编程概念有一个基本认识。图 2-15 所示为某一零件示意图，操作时首先分析图形轮廓线条种类及各

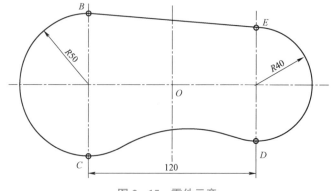

图 2-15　零件示意

占相对位置关系，在图形上建立坐标系。

（1）分析。圆弧 *BC* 和 *DE* 为已知圆，圆弧 *CD* 是半径为 100 mm 的过渡弧，直线 *BE* 为圆公切线，这些能够通过绘图作出，切割路线为 $O→A→B→C→D→E→A→F→O$。

（2）操作步骤。操作步骤如下。

① 开机取名：A1。

② 移动鼠标器，单击"圆"菜单，系统进入"圆"菜单进行绘图。

③ 单击"过渡圆弧"绘制半径 100 mm 的过渡圆。

④ 单击"直线"菜单，将鼠标器光标移动到二圆"公切线"菜单，按<Enter>键。

⑤ 单击"打断"菜单，将多余线剪下。

⑥ 单击"点线夹角"菜单，按<Enter>键，求过坐标原点 *O* 与直线 *BE* 垂直的直线 *OA*，即凹模的引出线。

⑦ 移动光标到"退回"菜单，按<Enter>键退回到主菜单，进入"数控程序"菜单，移动光标到"加工路线"菜单，按<Enter>键，以便自动排出数控加工路线和加工程序。

⑧ 执行"仿真"菜单，可以清晰看到加工路线情况。

⑨ 按<Enter>键，可以看到数控程序，按<F1>键可以查询光标位置的几何参数，按<Esc>键退出全屏幕状态。

⑩ 存盘或打印程序，进行加工。

2. Autop 的软件绘图实例二

绘制零件图，如图 2－16 所示。

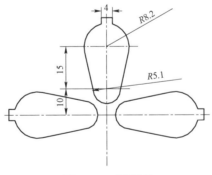

图 2－16　零件图

（1）直线平移——X——10——N——Y，直线平移——X——25——N——Y，直线平移——X——35——N——Y。

（2）法向式直线——0——0。

（3）交点，单击（0，10）和（0，25）的交点。

（4）圆心＋半径——单击圆心（0，10）——输入半径 5.1，圆心＋半径——单击圆心（0，25）——输入半径 8.2。

（5）两圆公切线——作两圆的两条外公切线。

（6）直线平移——Y——2——Y，直线平移——Y——2——N——Y。

（7）交点，单击待求的三个交点，连接三个交点成直线。

（8）打断不需要的两段圆弧，并按"R"键刷新图形。

（9）窗口建块——选定所有图形元素为块。

（10）块旋转——旋转中心 O ——角度 120°——旋转三次。

八、Autop 的软件文件操作

Autop 提供了一些基本的文件操作功能，包括文件存盘、文件改名、代码存盘和调磁盘文件几个功能。文件存盘是文件保存的基本功能。文件改名就是 Windows 文件常用的"另存为"功能，通常可使用此功能将文件保存到软盘或 U 盘，或将软盘或 U 盘的文件打开后改名保存到程序当前文件夹。方法为：确认软盘或 U 盘的盘符后（如盘符为 A:），在文件名前加"A:"，就可将文件改名保存到可移动磁盘。如果在打开文件时通过"A:"加文件名的方式打开，就可以在改名时通过去掉前缀盘符将可移动磁盘的文件保存到当前文件夹。在 Autop 中保存代码文件是通过"代码存盘"功能实现的。通过"调磁盘文件"功能，Autop 还可以将另一个图形文件的图形内容合并到当前图形文件中来。需要注意的是，在使用调磁盘文件时，文件名要加扩展名，通常 Autop 图形文件的扩展名是".DAT"。

九、Autop 的软件生成加工代码

Autop 可以生成 3B/LRB/ISO 格式的加工代码，其中 ISO 格式加工代码是南昌电子仪器厂特有的代码格式。在一些老式的控制器中，由于对代码补偿有一些特殊要求，需要使用 LRB 的 4B 格式，新型控制器则不需要。

Autop 生成加工代码需要显式地作出加工引线，如果对封闭图形未加引线来生成加工代码，则第一条实际加工代码和最后一条加工代码可能不准确。

可以在生成加工代码时决定是否删除以前已生成的加工代码，如果选择不删除已生成的加工代码，新生成的加工代码和旧加工代码之间将会插入跳步线，形成跳步加工代码。

对于已生成的加工代码，Autop 还可以进行平移（阵列加工）、旋转（旋转加工）和对称（对称加工）等编辑操作，也可以删除已生成的加工代码（取消旧路线）。

"起始对刀点"功能主要用来方便操作工将起割点引到代码生成时所用的起割点。可以用"终止对刀点"功能来使跳步加工代码图形封闭，以方便校零校对。

对于较特殊的齿轮加工，Autop 还专门提供了"齿轮加工"的功能。

生成加工代码后，Autop 可以通过"穿数控纸带"（同步传输）或"送数控程序"（应答传输）的方式将加工代码传送到控制台。

在文件 Autop.cfg 中，记录有关于代码格式和代码传送的一些设置，具体意义如下。

第一个数字：

0——应答传输数据信号高电平有效；

1——应答传输数据信号低电平有效。

第二个数字：

0——无暂停码；

1——暂停码 B0 B0 B0 HALT；

2——暂停码 B0 B0 B0 FF；

3——暂停码 B0 B0 B0 GX L1。

> 项目总结

Autop 自动编程系统，是以微电脑为控制中心，在中文交互式图形线切割自动编程软件的支持下，用户利用键盘、鼠标等输入设备，按照屏幕菜单的显示及提示，只需将加工零件图形画在屏幕上，系统便可立即生成所需数控程序。Autop 编程软件具有丰富的菜单，兼有绘图和编程功能。它可绘出曲线、圆弧、齿轮和非圆曲线（如抛物线、椭圆、渐开线、阿基米德螺旋线、摆线等）组成的任何复杂图形。任一图形均可窗口建块、局部或全部放大、缩小、增删、旋转、对称、平移、拷贝和打印输出。对屏幕上绘制的任意图形，系统软件能够快速对其编程，并可进行旋转、降列、对称等加工处理，同时显示加工路线，进行动态仿真，数控程序还可以直接传送到线切割控制主机。

> 拓展案例

一、图形分析

为了使用户建立图形编程概念，下面以一个简单的零件为例，使用户对 Autop 有一个基本认识。零件图如图 2-17 所示。圆弧 BC 和 DE 为已知圆，圆弧 CD 为 R100 mm 的过渡弧，直线 BE 为两圆公切线，切割路线为 O→A→B→C→D→E→A→O。

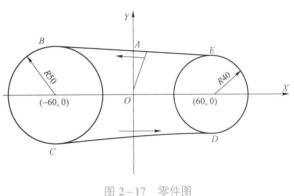

图 2-17 零件图

二、操作步骤

1. 开机显示

————————自动编程系统————————

Autop 主菜单

0，退出 +

（1）输入文件名 "+I"。

（2）取零件名称为 G0LDSUN，按 "1" 键，机器提示如下：

输入文件名＝GOLDSUN（回车）

如果磁盘上已经有一个零件图形名称为 GOLDSUN（即磁盘上有 GOLDSUN.DAT 文件），则计算机将此图形调入内存，否则作为一个新的零件名称处理。

进入 Autop 图形状态后，在桌面上移动鼠标器，可以将光标移到任意位置。

（3）移动鼠标器，将光标移到 "圆" 菜单位置，按鼠标器左按钮，系统进入 "圆" 菜单。

（4）选取 "圆心+半径" 菜单，机器提示及输入如下：

圆心+半径

圆心（X，Y）＝60，0（回车）和半径＝40（回车）

圆心（X，Y）＝-60，0（回车）和半径＝50（回车）

圆心（X，Y）=按<Esc>键或<Enter>，退出会话菜单

操作界面如图 2-18 所示。

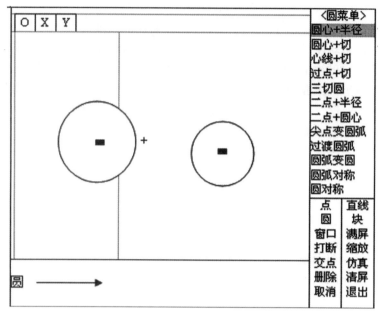

图 2-18　操作界面

（5）移动鼠标器，将光标移到"满屏"菜单，按<Enter>键，将图形满屏幕显示。操作界面如图 2-19 所示。

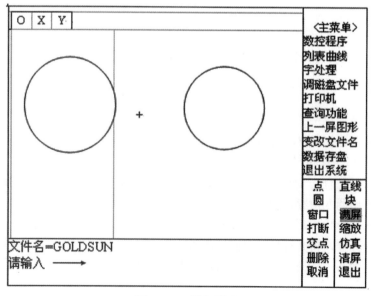

图 2-19　操作界面

（6）移动鼠标器，使光标移动到"过渡圆弧"菜单，按<Enter>键，求两圆的半径为100的过渡圆弧，机器提示及输入如下：

过渡圆弧，半径＝100（回车）

（直线、圆、圆弧）＝X＝－60.000，Y＝0.000，R＝50.000；用鼠标器指圆 R50

（直线、圆、圆弧）＝X＝60.000，Y＝0.000，R＝40.000；用鼠标器指圆 R40

（YN）：Y；

用鼠标器中按钮或"N"键挑选出所需的圆弧，然后按"Y"键。得到圆弧 CD 之后，用中按钮或"R"键将图形重画一遍，操作界面如图 2–20 所示。

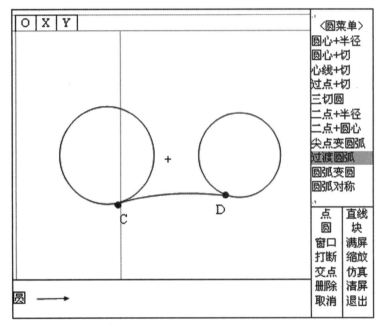

图 2－20　操作界面

（7）移动鼠标器，使光标移动到固定菜单区的"直线"菜单，按<Enter>键进入"直线"菜单，移动鼠标器将光标移动到"二圆公切线"菜单，按<Enter>键选中此菜单，求两圆外公切线 BE，机器提示和输入如下：

二圆公切线

圆＝X＝60.000，Y＝0.000，R＝50；用鼠标器指圆 R50

圆＝X＝60.000，Y＝0.000，R＝40；用鼠标指圆 R40

（Y/N）：Y；

用鼠标器中按钮或"N"键挑选出所需的公切线，然后按"Y"键。得到直线 BE 之后，用鼠标器中按钮或"R"键将图形重画一遍，操作界面如图 2–21 所示。

（8）将光标移动至"打断"菜单，便将多余的圆弧打断删除。删除多余段的方法：为执行"打断"菜单，将光标移到打断圆弧位置，按<Enter>键确认，打断编辑完毕，按<Esc>键，以退回到菜单区，操作界面如图 2–22 所示。

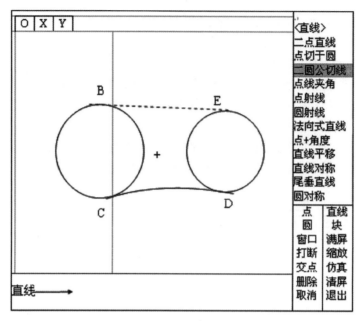

图 2-21　操作界面

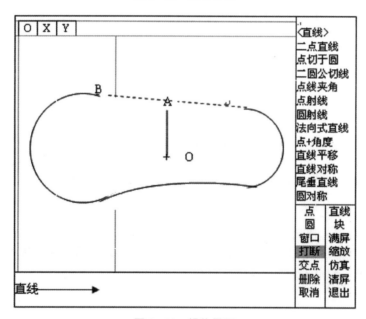

图 2-22　操作界面

（9）移动光标到"直线"菜单，进入后移动到"点线夹角"菜单，按<Enter>键，求过坐标原点 O 点与直线 BE 垂直的直线 OA，机器提示和输入如下：

点线夹角

点线夹角＝90（回车）；（90°表示求垂线）

点（z，y）＝0，0←

直线＝63333，39.861，－55.833，49.826

用鼠标器选到直线 BE 求得 OA 直线后的图形如图 2-23 所示。

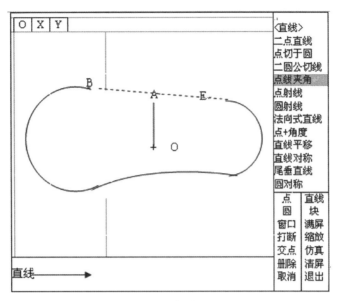

图 2—23　操作界面

（10）移动光标到"退回"菜单，按<Enter>键退回到主菜单，执行"数控程序"菜单，进入数控程序菜单，移动光标到"加工路线"菜单，按<Enter>键，以便自动排出数控加工路线和加工程序，机器提示和输入如下：

加工路线：

起始点（x，y）=（0.000，0.000）；用鼠标器选取 O 点

（Y/N）：Y；

看图形上箭头选取加工方向，一般选逆圆方向尖点圆弧半径为 0.0。为清晰看到间隙，特输入大间隙值，这就完成了 GOLDSUN 零件自动编程的最后一步。操作界面如图 2—24 所示。

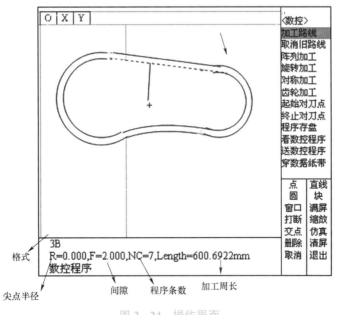

图 2—24　操作界面

（11）移动光标，执行"仿真"菜单，可以清晰地看到加工路线情况。

（12）移动光标到"看数控程序"位置，按<Enter>键，可以看到数控程序，按<F1>键可以查询光标位置的几何参数，按<Esc>键退出全屏幕状态。

（13）移动光标到"程序存盘"位置，按<Enter>键，可以将 GOLDSUN.3B 的数控程序存盘。

（14）进入"打印机"菜单，即可用打印机打出数控程序，输出图形。

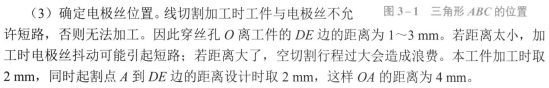

项目三

电火花线切割机床加工薄板工件的直线轮廓

≫ 项目提出

薄板类工件的加工在机械加工领域也是比较难的课题之一，很多薄板类工件都是采用电火花线切割加工。工件的轮廓形状有很多，直线轮廓更是常见，电火花线切割的一大主要功能就是轮廓加工，其可以加工直线、斜线，也可以加工曲线，因此加工薄板类工件需要加工者掌握线切割加工直线轮廓的加工方法。

≫ 项目分析

本项目是从薄板上切割一个等边三角形，从图样工艺分析、工件装夹、画图编程等方面介绍加工直线轮廓的方法，再通过拓展案例，介绍选用高速走丝线切割机床加工简单直线轮廓的零件加工方法。

≫ 项目实施

1. 加工图样

在 50 mm×50 mm 薄铁板上切割出一个边长为 8 mm 的等边三角形 ABC。

2. 工艺分析

（1）确定加工轮廓位置。根据毛坯的大小，分析确定三角形图案在毛坯上的位置。三角形 ABC 的位置如图 3-1 所示，该位置没有严格的尺寸精度要求，误差可以在 1 mm 以内。在图 3-1 中，O 点为电极丝的起始位置，A 点为起割点（即图案轮廓首先切割点），OA 为辅助切割行程。

（2）确定装夹方法。该工件的切割采用悬臂支撑装夹的方式。悬壁支撑装夹方式如图 3-2 所示，该装夹方式通用性强，装夹方便，但容易出现上仰或倾斜，一般只在工件精度要求不高的情况下使用。根据工件情况，对工件的装夹无特殊要求，只需要确保工件夹紧即可。

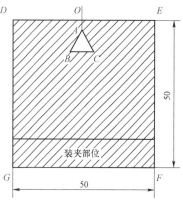

图 3-1　三角形 ABC 的位置

（3）确定电极丝位置。线切割加工时工件与电极丝不允许短路，否则无法加工。因此穿丝孔 O 离工件的 DE 边的距离为 1~3 mm。若距离太小，加工时电极丝抖动可能引起短路；若距离大了，空切割行程过大会造成浪费。本工件加工时取 2 mm，同时起割点 A 到 DE 边的距离设计时取 2 mm，这样 OA 的距离为 4 mm。

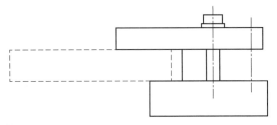

图 3-2　悬壁支撑装夹方式

3. 工件准备

准备一薄钢板，去除毛刺，用螺钉和夹板直接把毛坯装夹在台面上，采用悬臂式支撑装夹方式。装夹时可将直角尺放在工作台横梁边简单校正工件。校正工件方法如图 3-3 所示。

4. 程序编制

（1）绘图。为方便编程，将三角形内切圆的圆心定位坐标零点，建立工件坐标系，按 A、B、C 等点的坐标画出切割的轨迹三角形 ABC，如图 3-4 所示。

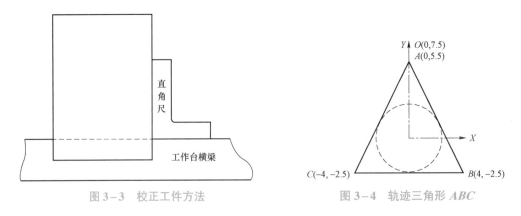

图 3-3　校正工件方法　　　　　　　图 3-4　轨迹三角形 ABC

（2）编写程序。输入电极丝起始点坐标（0，7.5），输入或者选择起割点 A。线切割加工中力很小，因此切割方向可以自定，可以逆时针，也可以顺时针。

5. 电极丝准备

通过手控盒或机床操作面板将穿好、校正好的电极丝按照不干涉原则移到工件 DE 边中间，距离 DE 边约 2 mm。由于三角形轮廓在工件毛坯的定位要求不高，因此可以通过目测移动电极丝。开启机床后将电极丝移动并接触工件，电极丝准备示意如图 3-5 所示。

图 3-5　电极丝准备示意

6. 加工

做好准备工作后，启动线切割机床，按下总控按钮加工工件，在加工过程中遇到紧急情况时可以使用红色的急停按钮。线切割机床操作面板如图 3-6 所示。完成后取下工件，测量相关尺寸。

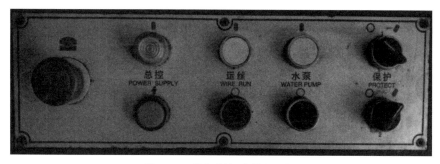

图 3-6　线切割机床操作面板

≫　项目总结

本项目通过介绍在薄板上切割等边三角形的加工方法来使学生掌握电火花线切割机床加工直线轮廓的方法。

≫　拓展案例

<h2 style="text-align:center">角度样板的外形切割</h2>

一、任务布置

角度样板示意如图 3-7 所示，角度样板尺寸如图 3-8 所示。角度样板的材料为 3 mm 厚的不锈钢，精度尺寸公差等级为 7 级。

图 3-7　角度样板示意

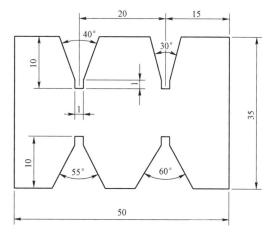

图 3-8　角度样板尺寸

二、程序编制

将待编程零件进行编号，确定点 P 为起始点。高速走丝线切割直线编程示例如图 3-9 所示。

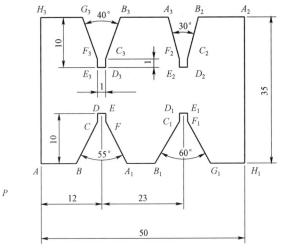

图 3-9　高速走丝线切割直线编程示例

编程如下：

$P \rightarrow A$	B5000	B5000	B5000	GYL1
$A \rightarrow B$	B6835	B0	B6835	GXL1
$B \rightarrow C$	B4165	B8000	B8000	GYL1
$C \rightarrow D$	B0	B2000	B2000	GYL2
$D \rightarrow E$	B2000	B0	B2000	GXL1
$E \rightarrow F$	B0	B2000	B2000	GYL4
$F \rightarrow A_1$	B4165	B8000	B8000	GYL4
$A_1 \rightarrow B_1$	B12216	B0	B12216	GXL1
$B_1 \rightarrow C_1$	B4619	B8000	B8000	GYL1
$C_1 \rightarrow D_1$	B0	B2000	B2000	GYL2
$D_1 \rightarrow E_1$	B2000	B0	B2000	GYL4
$E_1 \rightarrow F_1$	B0	B2000	B2000	GYL2
$F_1 \rightarrow G_1$	B4619	B8000	B8000	GYL4
$G_1 \rightarrow H_1$	B9380	B0	B10380	GXL1
$H_1 \rightarrow A_2$	B0	B35000	B35000	GYL2
$A_2 \rightarrow B_2$	B8321	B0	B8321	GXL3
$B_2 \rightarrow C_2$	B2679	B10000	B10000	GYL3
$C_2 \rightarrow D_2$	B0	B2000	B2000	GYL2
$D_2 \rightarrow E_2$	B1000	B0	B1000	GXL3
$E_2 \rightarrow F_2$	B0	B2000	B2000	GYL2
$F_2 \rightarrow A_3$	B2679	B10000	B10000	GYL2
$A_3 \rightarrow B_3$	B16681	B0	B16681	GXL3
$B_3 \rightarrow C_3$	B3640	B10000	B10000	GYL3
$C_3 \rightarrow D_3$	B0	B2000	B2000	GYL4
$D_3 \rightarrow E_3$	B1000	B0	B1000	GXL3
$E_3 \rightarrow F_3$	B0	B2000	B2000	GYL2
$F_3 \rightarrow G_3$	B3640	B10000	B10000	GYL2
$G_3 \rightarrow H_3$	B10360	B0	B10360	GYL3
$H_3 \rightarrow A$	B0	B35000	B35000	GYL4
$A \rightarrow P$	B5000	B5000	B5000	GYL3

三、输入程序

1. 认识系统面板

系统面板如图 3-10 所示。

图 3-10 系统面板

2. 程序输入、修改及插入

（1）程序输入。程序输入的方法如下。

① 在加工时输入指令，面板上方 16 位显示器将显示当前加工状态，按待命键后还是显示当前加工状态；按数字键即输入指令起始号，显示器左 4 位显示将要输入的起始号。此时就可按 3B 格式输入指令。一条指令输入后，按段号显示进行加工，接着就可输入下一条指令的 X 值。到段末以后一定要输入停止符 D 或 DD。如果要进行自动间隙补偿，则第一条指令必须输入"L"，按"…"键。

② 显示 Good 状态下输入指令：按待命键，在显示器上显示"P"时，按数字键即可输入起始地址（按 3B 格式输入指令）。

③ 显示 P 状态输入指令：按数字键，即输入起始地址（按 3B 格式输入指令）。

④ 在输入时如发现按错了数字，可按删除键。

（2）程序插入。以要插入的序号为地址，按插入键显示器 INC，按输入指令的方法把这条指令输入。每按一次插入键只能输入一条指令，插入前面以第 0 条、后面以 2 158 条，中间以停机符 D 为界限。如果 D 后面的一条指令是合法指令，那么有停机符的一条指令被挤掉了；如果 D 后面的一条指令是非法指令，那么有停机符的一条指令就往后移。

（3）程序修改。以要修改的序号为地址，按输入指令的方法把这条指令修改为正确的指令。另外，在检查时出现这条指令而没有停机符，马上按"D"键，这条指令就修改为有停机符的指令。

四、工件加工

该角度样板的加工，选用泰州机床厂生产的 DK7740 机床。

1. 毛坯的选择

毛坯可选用 100 mm×200 mm 的 3 mm 厚不锈钢材料，一块或多块叠加亦可。要求毛坯平整、表面干净、无绝缘层，确保每块板间均能通电。

2. 工件的装夹与找正

工件的装夹方式很多，通常有悬臂支撑、双端支撑、桥式支撑、板式支撑和复式支撑等多种装夹方式。双端支撑装夹方式是指将工件两端固定在夹具上，其装夹方便、支撑平稳、平面定位精度高。双端支撑装夹方式如图 3-11 所示，但不利于小零件的装夹。而桥式支撑装夹方式采用两支撑垫铁置于双端支撑夹具上，其特点是通用性强，装夹方便，对大、中、小工件都可方便地装夹，特别是带有相互垂直的定位基准面的夹具，使侧面具有平面基准的工件可省去找正工序。桥式支撑装夹方式如图 3-12 所示。如果既是找正基准也是加工基准，则可以间接地推算和确定电极丝中心与加工基准的坐标位置。这种支撑装夹方式有利于外形和加工基准相同的工件实现成批加工。

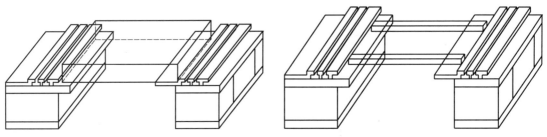

图 3-11 双端支撑装夹方式 　　　　　　　图 3-12 桥式支撑装夹方式

该工件采用双端支撑装夹方式加工。将工件安装到工作台上，先使电极丝与工件的一条侧边基本平行，再夹紧工件。

3. 工件起始点的确定及工件坐标系的建立

对于线切割机床，一般以长轴为 Y 轴、短轴为 X 轴，操作者站在长轴的手轮端向前看。远离手轮端为 Y 轴正方向，右边为 X 轴正方向。转动手轮，根据编制的程序选择起始点（D 点），然后开功放，锁紧步进电动机，松开 X、Y 轴刻度盘手轮，锁紧螺钉，将刻度盘对零并锁紧 X、Y 轴刻度盘，这样工件坐标系就建立了。

4. 加工参数的选择

对于本例的加工，因工件较薄，可以选用脉冲宽为 5 μm。脉宽与脉间之比为 1:3～1:4 即可，加工电流应保持在 0.5 A 左右。调节跟踪速度使其能跟踪平稳，并使电流波动稳定在较小的范围内。

5. 工件的加工

开运丝电动机和水泵操作控制器，调出待加工程序。将选择开关打在自动挡，按"执行"键，开启高频电源，机床就开始切割加工了，这时打开工作液能够达到最佳的切割效果。

五、检测评价

评分标准如表 3-1 所示。

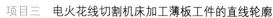

表 3−1　评分标准

班级			姓名			工时		40 min
序号	内容及要求		评分标准	配分	自测结果	老师测量	得分	
1	12 mm（两处）	IT	超差 0.01 mm 扣 1 分	6				
		Ra3.2 μm	降级不得分	5				
2	23 mm（两处）	IT	超差 0.01 mm 扣 1 分	6				
		Ra3.2 μm	降级不得分	5				
3	50 mm	IT	超差 0.01 mm 扣 1 分	5				
		Ra3.2 μm	降级不得分	3				
4	35 mm	IT	超差 0.01 mm 扣 1 分	5				
		Ra3.2 μm	降级不得分	3				
5	40°	IT	超差 0.01 mm 扣 1 分	5				
		Ra3.2 μm	降级不得分	3				
6	30°	IT	超差 0.01 mm 扣 1 分	5				
		Ra3.2 μm	降级不得分	3				
7	55°	IT	超差 0.01 mm 扣 1 分	5				
		Ra3.2 μm	降级不得分	3				
8	60°	IT	超差 0.01 mm 扣 1 分	5				
		Ra3.2 μm	降级不得分	3				
9	程序编制		酌情扣分	15				
10	零件整个轮廓全部完成		未完成轮廓加工不得分	10				
11	文明生产、工艺		酌情扣分	5				

项目四

电火花线切割机床加工直壁工件的轮廓

项目提出

在生产过程中，有很多较厚的工件需要切断或者割除工件中的某一部分，采用常规的机械高效、高精度地完成加工任务，因此很多加工场合都是采用线切割机床来完成加工。由于零件较厚，在线切割机床加工中要想保证加工面达到规定的垂直要求，那就需要加工者掌握线切割加工直壁零件的加工方法。

项目分析

电火花线切割机床在加工厚壁零件的过程中如何保证直壁的垂直度，那就需要掌握线切割机床电极丝垂直度的校正方法。本项目将用已经学过的相关绘图、编程，以及新授的电极丝垂直度的校正方法来完成切断刀的加工，再通过拓展案例，介绍选用高速走丝线切割机床加工简单直线轮廓的零件加工方法。

项目实施

1. 加工图样

在 20 mm×20 mm×100 mm 的高速钢条上切割出一把高速钢切断刀（以下简称切断刀）。加工图样如图 4-1 所示。

图 4-1　加工图样

2. 工艺分析

（1）确定加工轮廓位置。图样尺寸如图 4-2 所示，根据图样分析确定切断刀线切割加工的轮廓 $OABCDEAO$，切断刀线切割加工的轮廓如图 4-3 所示，画图时各点参考坐标为 O（19，39），A（20，39），B（20，0），C（0，0），D（0，55），E（20，55）。O 点为电极丝的起始位置，A 点为起割点，OA 为辅助切割行程，一般取 1 mm。C、D、E 为线切割加工区域范围。

（2）确定装夹方法。根据工件情况，该工件的切割采用悬臂支撑装夹方式。在装夹后一定要确保工件已经夹紧。

3. 工件准备

准备一 20 mm×20 mm×100 mm 的高速钢条，用螺钉和夹板直接把毛坯装夹在台面上。本项目选用标准规格的毛坯材料，装夹时将直角尺放在工作台横梁边认真校正工件，确保高速钢的侧面与工作台横梁垂直。

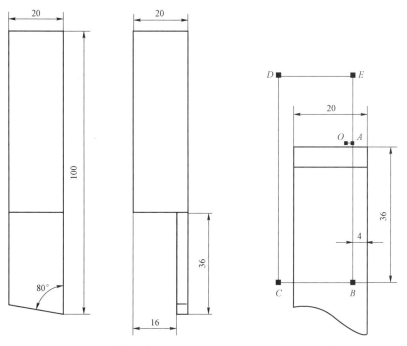

图 4-2　图样尺寸　　　　图 4-3　切断刀线切割加工的轮廓

4. 电极丝的准备

（1）确定电极丝位置。根据切断刀线切割加工的轮廓（见图 4-3），O 为电极丝定位点，A 为起割点。实际加工过程中 OA 段位空行程，因此一般情况下将 OA 的值设定为 1 mm 左右，现取 1 mm。

（2）电极丝垂直度的校正。线切割机床有 U 轴与 V 轴，U 轴与 V 轴连接小型步进电动机。U 轴与 X 轴平行，V 轴与 Y 轴平行，正负方向一致。因为有 U、V 轴，机床可以切割锥度、上下异形物体。同样，U、V 轴可能导致机床电极丝与工作台不垂直。因此在切割直壁精密零件或切割锥度等情况下，需要重新校正电极丝对工作台平面的垂直度，方法有两种，一种是利用找正块，另一种是利用校正器。这里主要介绍利用找正块进行火花法找正，如图 4-4 所示。

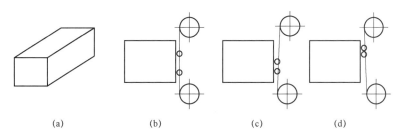

图 4-4　利用找正块进行火花法找正

（a）找正块；（b）垂直度较好；（c）垂直度较差（右倾）；（d）垂直度较差（左倾）

找正块为六方体或类似六方体，如图 4-4（a）所示。在校正电极丝垂直度时，首先目测电极丝的垂直度，若明显不垂直，则调节 U、V 轴，使电极丝大致垂直工作台；然后将找正块放在工作台上，在弱加工条件下，将电极丝沿 X 方向缓缓移向找正块。当电极丝快碰到找正块时，电极丝与找正块之间产生火花放电，肉眼观察产生的火花。若火花上下均匀，如图 4-4（b）所示，则表明在该方向上电极丝垂直度良好；若下面火花多，如图 4-4（c）所示，则说明电极丝右倾，故将 U 轴的值调小，直至火花上下均匀；若上面火花多，如图 4-4（d）所示，则说明电极丝左倾，故将 U 轴的值调大，直至火花上下均匀。同理，调节 V 轴的值，使电极丝在 V 轴垂直度良好。

用火花法校正电极丝的垂直度时，需要注意以下几点。

① 找正块使用一次后，其表面会留下细小的放电痕迹。下次找正时，要重新换位置，不可用有放电痕迹的位置碰火花来校正电极丝的垂直度。

② 在精密零件加工前，分别校正 U、V 轴的垂直度，然后再检验电极丝垂直度校正的效果。具体方法是：重新分别从 U、V 轴方向碰火花，看火花是否均匀，若 U、V 方向上火花均匀，则说明电极丝垂直度较好；若 U、V 方向上火花不均匀，则重新校正，再检验。

③ 在校正电极丝垂直度之前，电极丝应张紧，张力与加工中使用的张力相同。

④ 在用火花法校正电极丝垂直度时，电极丝要运转，以免电极丝断丝。

小提醒：

使用校正器进行电极丝垂直度的校正方法与火花法相似，主要区别是火花法是观察火花上下是否均匀，而校正器则是观察指示灯，所以此时电极丝是停止走丝而不能放电的。

（3）电极丝的精确定位。线切割加工的定位一般通过接触感知来实现，一般的机床接触感知代码为 G80。G80 指令的用法如下。

含义：接触感知。

格式：G80　轴+方向。

执行该指令，可以命令指定轴沿给定方向前进，直到接触到工件，然后停在那里。

本项目先应定位到 O 点，用到的指令为：

G80 Y+；
G92 Y39；
G80 X+；
G92 X19；

4. 加工指令代码

（1）G40、G41、G42（电极丝补偿指令）。这三个指令分别为取消刀补、左刀补（即向着电极丝行进方向，电极丝左侧偏移）、右刀补（即向着电极丝行进方向，电极丝右侧偏移）。为了消除电极丝半径和放电间隙对加工精度的影响，电极丝中心相对于加工轨迹需偏移一个给定值。电极丝补偿示意如图 4-5 所示，G41（左补偿）和 G42（右补偿）分别是指沿着电极丝运动方向前进，电极丝中心沿着加工轨迹左侧或者右侧偏移一个给定值，G40（取消补偿）为补偿撤销指令。

图 4-5　电极丝补偿示意

具体格式为：

G41D____或 G41 H____

G42D____或 G42 H____

G40

电极丝加补偿及取消补偿都只能在直线上进行，在圆弧上加补偿及取消补偿都会出错。电极丝补偿时必须移动一个相对直线距离，如果不移动一个直线距离，程序就会出错，出现补偿不能加上或者取消的现象。

（2）G04（停歇指令）。此指令能使操作者在执行完该指令的上一个程序段后，暂停一段时间，再执行下一个程序段，X 后面所跟数字即为暂停时间，单位为 s（秒）。

（3）C（功能指令）。C 代码的格式为 C×××。C 代码用在程序中选择加工条件，工件厚度为后两位数的 10 倍。不同机床的参数指令不一样，需根据说明书使用。本段介绍使用的参数参照表 4–1。

表 4–1 参数参照

参数号	ON	OFF	IP	SV	GP	V	加工速度/ $(mm^2 \cdot min^{-1})$	表面粗糙度/μm
C001	02	03	2.0	01	00	00	11	2.5
C002	03	03	2.0	02	00	00	20	2.5
C003	03	05	3.0	02	00	00	21	2.5
C004	06	05	2.0	02	00	00	20	2.5
C005	08	07	3.0	02	00	00	32	2.5
C006	09	07	3.0	02	00	00	30	2.5
C007	10	07	3.0	02	00	00	35	2.5
C008	08	09	4.0	02	00	00	38	2.5
C009	11	11	4.0	02	00	00	30	2.5
C010	11	09	4.0	02	00	00	30	2.5
C011	12	09	4.0	02	00	00	30	2.5
C012	15	13	4.0	02	00	00	30	2.5
C013	17	13	4.0	03	00	00	30	3.0
C014	19	13	4.0	03	00	00	34	3.0
C015	15	15	5.0	03	00	00	34	3.0
C016	17	15	5.0	03	00	00	37	3.0
C017	19	15	5.0	03	00	00	40	3.0
C018	20	17	6.0	03	00	00	40	3.5
C019	23	17	6.0	03	00	00	44	3.5
C020	25	21	7.0	03	00	00	56	4.0

5. 程序编制

（1）绘图。切断刀线切割加工的轮廓如图 4–3 所示。为方便编程，将 C 点定位为坐标零

点，建立工件坐标系，按 C、B、D、E 点的坐标画矩形 $CBDE$。

（2）编写程序。输入电极丝起始点坐标 O（19，39），输入或者选择起割点 A。根据图 4-2 可知，为了节约时间，走丝方向应该选用顺时针方向加工，即 $O{\rightarrow}A{\rightarrow}B{\rightarrow}C$。

（3）参考程序如下。

```
H000 = +00000000;
H001 = +00000100;
H005 = +00000000;
G84 T86 G54 G90 G92 X+19000 Y39000 C007;
G01 X+18000 Y+39000;
G04 X0.0+H005;
G41 H000;
C001;
G41 H000;
G01 X+20000 Y+39000;
G04 X0.0+H005;
G41 H001;
X+20000 Y+0;
G04 X0.0+H005;
X+0 Y+0;
G04 X0.0+H005;
X+0 Y+55000;
G04 X0.0+H005;
X+20000 Y+55000;
G04 X0.0+H005;
X+20000 Y+39000;
G04 X0.0+H005;
G40 H000 G01 X+19000 Y+39000;
M00;
C007;
G01 X+20000 Y+39000;
G04 X0.0+H005;
T85 T87 M02;
```

6. 加工

做好准备工作后，启动线切割机床，按下总控按钮加工工件，在加工过程中遇到紧急情况时可以使用红色的急停按钮。完成后取下工件，测量相关尺寸。

≫ **项目总结**

本项目通过介绍在较厚毛坯工件上切割长方体的加工方法来使学生掌握电火花线切割机床加工垂直直壁轮廓的方法。

≫ 拓展案例

鲁班锁的线切割加工

一、任务布置

根据图纸要求备好合适尺寸规格的零件，鲁班锁一共有六个零件，如图 4-6 所示。其中一个零件的一部分需在铣床上完成，其他五个零件可用线切割机床完成。材料选用 45 钢，备料的尺寸是 20 mm×60 mm×20 mm。根据图纸规划加工工序，通过自动编程生成加工程序。

二、图样分析

分析图纸：拿到待加工零件，首先用刀口直角尺找出基准角。明确要加工的位置，鲁班锁零件 1（矩形槽）三视图如图 4-7 所示，该矩形槽宽度 20 mm，深度 10 mm，是典型的直壁零件。

图 4-6 鲁班锁零件

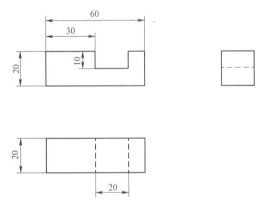

图 4-7 鲁班锁零件 1（矩形槽）三视图

三、加工准备

加工前确认机床规格、精度、表面粗糙度性能达到零件需要的精度要求，并对照机床使用规范或操作规程对运动部件进行必要的润滑。

1. 电极丝的安装

（1）取下储丝筒上的保护罩。

（2）电极丝的上丝。上丝过程参照项目一中的要求，不能太紧或者太松。

（3）张紧电极丝。电极丝需要一定的张紧，否则加工时电极丝易抖动，加工的工件表面会出现明暗条纹，影响表面质量。

2. 电极丝的校垂直

以工作台的桥架表面为基准，用校正器或火花法将电极丝的垂直度调整好。校正后，最好再复查一遍。

小提醒：

无论是采用火花法、目测法还是其他任一方法对工件进行调整时，都必须在电极丝张紧的情况下进行。

3. 工件的装夹与校正

此零件尺寸较小，在不影响加工的情况下可用压板固定，用百分表校正。

4. 工作液的准备

快走丝线切割机床的工作液是乳化液，因而必须根据工件的厚度变化来进行合理的配置。工件较厚时，工作液的浓度应降低，增加工作液的流动性；工件较薄时，工作液的浓度应适当提高。

四、绘图编制程序

1. 绘制图形

图形绘制界面如图 4-8 所示。

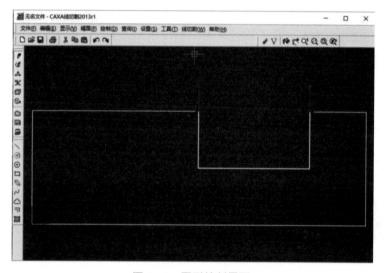

图 4-8　图形绘制界面

2. 参考程序

（1）3B 代码如下。

B		100 B	5000 B	5000 GY	L4
B		0 B	9900 B	9900 GY	L4
B		19800 B	0 B	19800 GX	L1
B		0 B	9900 B	9900 GY	L2
B		100 B	5000 B	5000 GY	L1
E					

（2）G 代码如下。

```
G92 X30000 Y25000
G01 X+030100 Y+020000
```

```
G01 X+030100 Y+010100
G01 X+049900 Y+010100
G01 X+049900 Y+020000
G01 X+050000 Y+025000
M02
```

五、零件加工

开运丝电动机和水泵操作控制器，调出待加工程序。将选择开关打在自动挡，按执行键，开启高频电源，机床就开始切割加工了，这时打开工作液，能达到最佳效果。

六、鲁班锁零件的装配

1. 鲁班锁零件三视图

鲁班锁共有 6 个零件，其他 5 个鲁班锁零件的三视图如图 4-9 到图 4-13 所示，加工方法与图 4-7 所示的零件加工方法一致，加工好后要进行尺寸检验和装配。

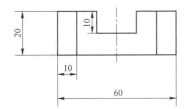

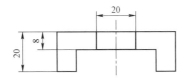

图 4-9　鲁班锁零件 2 三视图

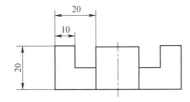

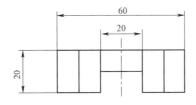

图 4-10　鲁班锁零件 3 三视图

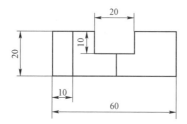

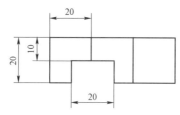

图 4－11 鲁班锁零件 4 三视图

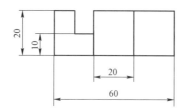

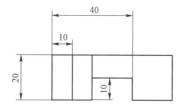

图 4－12 鲁班锁零件 5 三视图

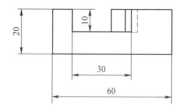

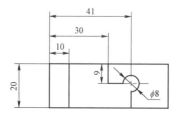

图 4－13 鲁班锁零件 6 三视图

小提醒：

鲁班锁零件 6 的某些部分必须铣削加工。

2. 检验与装配

检验与装配阶段包括：精度、粗糙度检测、装配、修模处理等。

（1）零件尺寸的检验。用游标卡尺或千分尺对照图形的尺寸进行校核。

（2）零件表面精度的检验。用手持粗糙度仪器测零件表面精度。

（3）装配。

装配步骤如下。

① 将零件按序号从小到大的顺序排列，如图 4-14 所示。

② 把 1 号零件和 3 号零件按图拼好，如图 4-15 所示。

③ 把 5 号零件和 6 号零件按图拼好，如图 4-16 所示。

④ 把 4 号零件从 5、6 号零件下面扣上去，并将 2 号零件与 5 号零件对称塞进去，如图 4-17 所示。

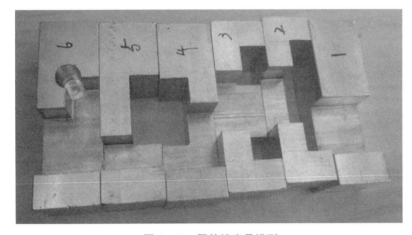

图 4-14　零件按序号排列

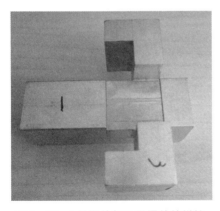

图 4-15　1 号零件与 3 号零件的拼接

图 4-16　5 号零件与 6 号零件的拼接

⑤ 把 1、3 号零件结合体塞入，如图 4-18 所示。

图4-17 4号零件与2号零件的拼接

图4-18 塞入1、3号零件结合体

⑥ 装配完成，如图4-19所示。

图4-19 装配完成

3. 加工后完成5S（整理、整顿、清扫、清洁、素养）

将加工区域打扫干净，机床工作台恢复原位。

电火花线切割机床加工圆弧轮廓

> ≫　项目提出

在应用电火花线切割机床实际加工零件时，经常会碰到需要加工孔的零件或者具有曲线轮廓的零件，加工孔类零件上的孔时，就不能从工件外部走丝，需要加工者掌握打穿丝孔和利用穿丝孔穿丝，以及线切割加工圆弧的方法。

> ≫　项目分析

本项目先从加工圆这样简单的圆弧轮廓入手，从图样工艺分析、工件装夹、画图编程等方面介绍加工直线轮廓的方法，还介绍了穿丝孔的选择和作用，再通过拓展案例，介绍选用高速走丝线切割机床加工简单圆弧轮廓零件的加工方法。

> ≫　项目实施

1. 加工图样

在 50 mm×50 mm 薄铁板中心位置上切割出一个半径为 10 mm 的圆，图样尺寸如图 5−1所示。

2. 工艺分析

（1）打穿丝孔。图样分析后，如果从工件外部走丝加工，势必在工件上留下割缝，要想割出如图 5−1 的圆孔，就必须先打穿丝孔。一般材料工件都采用钻头打穿丝孔，穿丝孔的位置与加工零件轮廓的最小距离和工件的厚度有关，工件越厚，则最小距离越大，一般不小于 3 mm。但距离增大，增加了切割行程，降低了加工效率。所以穿丝孔的直径不宜过大或者过小，否则加工困难，需要加工者根据工件的情况来进行选择。对于带孔零件，穿丝时必须打孔，电极丝要通过穿丝孔穿出去才能加工，而且穿丝孔还能减小孔类零件在线切割加工中的变形。

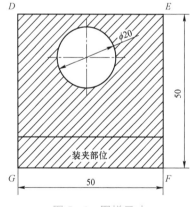

图 5−1　图样尺寸

（2）确定加工轮廓位置。为了提高零件精度，在工件上钻穿丝孔，根据项目加工孔的要求，如图 5−2 所示，穿丝孔中心为 A，起割点为 B。为了减少空切割行程，穿丝孔到起割点的距离为 4 mm。

（3）画图及编程。根据项目所要求的加工孔在工件上的位置及设计穿丝孔的位置，画图并选定穿丝孔、起割点。圆心坐标（0，0），孔的直径是 20 mm，输入穿丝孔 *A* 的坐标（0，6），起割点 *B* 的坐标（0，10），切割方向可以任意选择，如果顺时针加工，则采用右刀补。

（4）确定工件装夹方法。本项目材料也为板材，也采用悬臂支撑装夹方式来装夹，悬壁支撑装夹方法如图 5-3 所示。

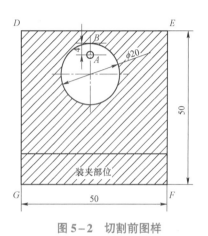

图 5-2　切割前图样

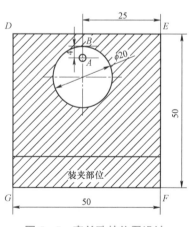

图 5-3　悬壁支撑装夹方法

（5）找工件平行。将百分表的表座吸附在丝架上，尽量使百分表的表针垂直于被测平面。表针旋转一圈后完成压表，摇动手柄使表从工件的一端到另一端，根据表针变化判断被测平面是否平行，找工件平行如图 5-4 所示。

3. 工件准备

（1）穿丝孔的位置设计如图 5-5 所示，在坯料上划线，确定穿丝孔 *A* 的位置，然后用钻床或电火花打孔机打孔。打孔后应认真清理干净孔内的毛刺，避免加工时电极丝与毛刺接触造成短路，影响加工。

图 5-4　找工件平行

图 5-5　穿丝孔的位置设计

（2）本项目采用快走丝电火花线切割机床加工，采用悬臂支撑装夹方式，将直角尺放在工作台横梁边简单校正工件，也可以利用电极丝沿着工件边缘移动，观察电极丝与工件的缝隙大小来校正。

4. 编制程序

（1）画图。

（2）按照机床说明书在指导教师的帮助下编制程序，具体程序如下：

```
010 H000 = +00000000;
H001 = 00000100;
020 H005 = +00000000;
T84 T86 G54 G90 G92 X+0 Y+1000;定义穿丝孔的坐标，建立工件坐标系
030 C007;
040 G01 X+0 Y+4000;
G04 X0.0+H005;
050 G42 H000;
060 C001;
070 G42 H000;
080 G01 X+0 Y+5000;
G04 X0.0+H005;
090 G42 H001;
100 G02 X0 Y−5000 I+0 J−0500;
G04 X0.0+H005;
110 X+0 Y+7500 I+0 J+5000;
G04 X0.0+H005;
120 G40 H000 G01 X+0 Y+4000;
130 M00;
140 C007;
150 G01 X+0 Y+1000;
G04 X0.0+H0005;
160 T85 T87;
170 M02;
```

5. 电极丝准备

（1）电极丝上丝、穿丝、校正。

（2）电极丝的定位。松开电极丝，移动工作台，目测将工件穿丝孔 A 移到电极丝穿丝位置，穿丝，再移到穿丝孔中心。

》 项目总结

本项目通过介绍在薄板上切割圆的加工方法来使学生掌握电火花线切割机床加工圆弧轮廓的方法。

≫ 拓展案例

凸凹模的切割加工

一、任务布置

毛坯如图 5-6 所示，材料为 Cr12，厚度为 30 mm。根据图纸的技术要求，工件在切割前应先打好两个穿丝孔，然后进行热处理（淬火、回火），接着磨上下基准面，最后进行线切割加工。毛坯尺寸如图 5-7 所示。

图 5-6 毛坯

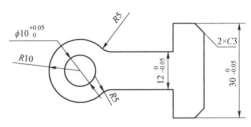

图 5-7 毛坯尺寸

二、毛坯准备

首先按图纸要求选择一块毛坯，规格为 100 mm×50 mm×30 mm（注：学生实习试用时材料厚度可薄一些，以节约成本和加工时间），先按图纸要求打好 $\phi 5$ mm 的穿丝孔，再淬火、回火，最后磨工件的上下表面至符号尺寸要求，坯件备料如图 5-8 所示。

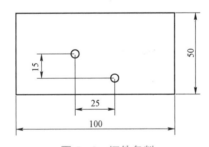

图 5-8 坯件备料

三、CAXA 线切割的图形绘制方法

CAXA 电子图板将常用的基本图形元素，如点、直线、圆弧等统称为基本曲线。通过下列方法的学习，就可以先绘制出需要加工的图形。

在 CAXA 电子图板中单击主菜单"绘制"下拉菜单中的"基本曲线"选项，出现其子菜单，基本曲线菜单如图 5-9 所示。在子菜单中，"基本曲线"的图标为"▇"，用鼠标单击这个图标，即可显示出图形菜单，如 5-10 所示。

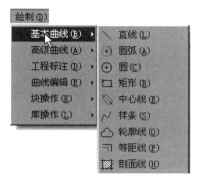

图 5-9 基本曲线菜单

图 5-10 图形菜单

1. 绘制直线

直线是图形构成的基本要素，而正确、快捷地绘制直线的关键在于点的选择，在 CAXA 电子图板中选取点时，可充分利用工具点、智能点、导航点和栅格点等功能，在点的输入时，一般输入绝对坐标，但根据实际情况，还可以输入点的相对坐标和极坐标。

为了适应各种情况下直线的绘制，CAXA 电子图板提供了两点线、平行线、角度线、角等分线和切线/法线这五种方式，下面将逐一进行介绍。

1）画两点线

在屏幕上按给定两点画一条直线段或按给定的连续条件画连续的直线段。在非正交情况下，第一点和第二点均可为切点、垂足点或其他点（工具点菜单上列出的点）。根据选取点的类型可生成切线、垂直线、公垂线、垂直切线，以及任意的两点线。在正交情况下生成的直线平行于当前坐标系的坐标轴，即由第一点定出首访点，第二点定出与坐标轴平行或垂直的直线线段。具体操作步骤如下。

（1）单击"基本曲线" ![icon]图标，在弹出的图形菜单中选"直线" ![icon]图标。

（2）单击立即菜单"1："的下三角按钮，在立即菜单的上方弹出一个直线类型的列表框。列表框中的每一选项都相当于一个转换开关，负责直线类型的切换。直线类型列表框如图 5-11 所示。在列表框中选取"两点线"命令。

图 5-11 直线类型列表框

（3）单击立即菜单"2："的下三角按钮，使该项内容由"连续"变为"单个"，其中"连续"表示每段直线段相互连接，前一段直线段的终点为下一段直线段的起点，而"单个"是指每次绘制的直线段相互独立、互不相关。

（4）单击立即菜单"3："的下三角按钮，其内容由"非正交"变为"正交"，"正交"表示下面要画的直线为正交线段，正交线段是指与坐标轴平行的线段。

（5）按立即菜单的条件和提示要求，用鼠标拾取两点，则一条直线被绘制出来。为了准确地作出直线，用户最好使用键盘输入两个点的坐标。

此命令可以重复进行，最后用鼠标右键终止此命令。

2）画平行线

按给定距离绘制与已知线段平行且长度相等的单向或双向平行线段。具体操作步骤如下。

（1）单击"基本曲线" ✏图标，在弹出图形菜单中选"直线" ↘图标。

（2）单击立即菜单"1："的下三角按钮，从弹出的列表框中选取"平行线"选项。

（3）单击立即菜单"2："的下三角按钮，使其内容由"单向"变为"双向"。在"双向"模式下可以画出与已知线段平行、长度相等的双向平行线段。而在"单向"模式下，用键盘输入距离时，系统首先根据十字光标在所选线段的方位来判断绘制线段的位置。

（4）按操作提示要求，用鼠标选取一条已知线段。选取后，该提示改为"输入距离或点"。在移动鼠标时，一条与已知线段平行并且长度相等的线段被鼠标拖动着。待位置确定后，单击鼠标左键，一条平行线段就被画出来了（见图5-12）。除此之外，也可用键盘输入一个距离数值，两种方法的效果相同。

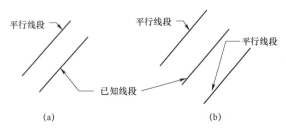

图 5-12　绘制平行线段

（a）单向平行线段；（b）双向平行线段

3）画角度线

按给定角度和给定长度画一条直线段。具体操作步骤如下。

（1）单击"基本曲线" ✏图标，在弹出的图形菜单中选"直线" ↘图标。

（2）单击立即菜单"1："的下三角按钮，从弹出的列表框中选取"角度线"选项。

（3）单击立即菜单"2："的下三角按钮，弹出如图5-13所示的列表框，用户可在其中选择夹角类型。如果选择"直线夹角"命令，则表示画一条与已知直线段夹角为指定度数的直线段，此时操作提示变为"拾取直线"，待选取一条已知直线段后，再输入第一点和第二点即可。

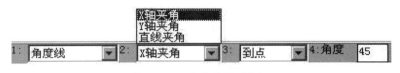

图 5-13　角度类型列表框

（4）单击立即菜单"3："的下三角按钮，使其内容由"到点"转变为"到线上"，即指定终点位置是在选定直线上，此时系统不提示输入第二点，而是提示选定所到的直线。

（5）单击立即菜单"4："的下三角按钮，选择"角度"选项，则在操作提示区出现"输入实数"的提示。要求用户在区间（-360，360）中输入一角度值。文本框中的数值为当前立即菜单所选角度的默认值。

（6）按提示要求输入第一点，则屏幕画面上显示该点标记。此时，操作提示改为"输入长度或第二点"。如果由键盘输入一个长度数值并按<Enter>键，则一条按用户刚设定的值而确定的直线段被绘制出来。如果是移动鼠标，则一条绿色的角度线随之出现，待鼠标光标位置确定后，单击左键，则立即画出一条给定长度和倾角的直线段。

本操作也可以重复进行，用鼠标右键可终止本操作。

角度线的绘制如图 5－14 所示，即按立即菜单条件及操作提示要求所绘制的一条与 X 轴成 45°、长度为 50 的一条直线段。

图 5－14　角度线的绘制

4）画角等分线

按给定等分份数、给定长度画一条直线段将一个角等分。具体操作步骤如下。

（1）单击"基本曲线" 🖊 图标，在弹出的图形菜单中选"直线" ＼ 图标。

（2）单击立即菜单"1："的下三角按钮，从弹出的列表框中选取"角等分线"选项。

（3）单击立即菜单"2："的下三角按钮，选择"分数"选项，则在操作提示区出现"输入实数"的提示，要求用户输入一所需等分的份数值。文本框中的数值为当前立即菜单所选角度的默认值。

（4）单击立即菜单"3："的下三角按钮，选择"长度"选项，则在操作提示区出现"输入实数"的提示，要求用户输入一等分线长度值。文本框中的数值为当前立即菜单所选角度的默认值。

5）画切线或法线

过给定点作已知曲线的切线或法线。具体操作步骤如下。

（1）单击"基本曲线" 🖊 图标，在弹出的图形菜单中选"直线" ＼ 图标。

（2）单击立即菜单"1："的下三角按钮，从弹出的列表框中选取"切线/法线"选项。

（3）单击立即菜单"2："的下三角按钮，使该项内容由"切线"变为"法线"。按改变后的立即菜单进行操作，将画出一条与已知直线相垂直的直线，直线的法线如图 5－15 所示。

（4）立即菜单"3："中的"非对称"是指选择的第一点为所要绘制的直线的一个端点，选择的第二点为另一端点。若使该项内容切换为"对称"，此时选择的第一点为所要绘制直线的中点，第二点为直线的一个端点，如图 5－15（b）所示。

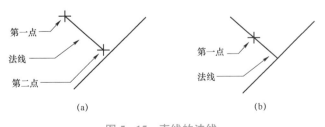

（a）　　　　　　　　　　　（b）

图 5－15　直线的法线

（a）非对称、到点；（b）对称、到线

（5）单击立即菜单"4："的下三角按钮，使该项目变为"到线上"，即表示一条到已知线段为止的切线或法线。

（6）按当前提示要求用鼠标选取一条已知直线，选中后，该直线呈红色显示，操作提示变为"第一点"，用鼠标在屏幕的给定位置输入一点后，提示又变为"第二点或长度"，此时，再移动光标时，一条过第一点与已知直线段平行的直线段被生成，其长度可由鼠标或键盘输入数值决定。如果用户拾取的是圆或弧，也可以按上述步骤操作，但圆弧的法线必在所选第一点与圆心所决定的直线上，而切线垂直于该法线。

2. 绘制圆弧

1）过三点画圆弧

过三点画圆弧，其中第一点为起点，第三点为终点，第二点决定圆弧的位置和方向。具体操作步骤如下。

（1）单击"基本曲线" 图标，在弹出的图形菜单中选"圆弧" 图标。圆弧类型选项菜单如图5-16所示。

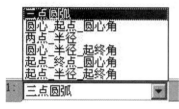

图5-16 圆弧类型选项菜单

（2）单击立即菜单"1："的下三角按钮，则在其上方弹出一个表明圆弧绘制方法的列表框，列表框中的每一选项都是一个转换开关，负责对绘制方法进行切换，如图5-16所示。在列表框中选择"三点圆弧"选项。

（3）按提示要求输入第一点和第二点，与此同时，一条过上述两点及过光标所在位置的三点圆弧已经显示在画面上，移动光标，正确选择第三点位置，并按下鼠标左键，则一条圆弧线被绘制出来。在选择这三个点时，可灵活运用工具点、智能点、导航点和栅格点等功能。用户还可以直接用键盘输入点坐标。

此命令可以重复进行，也可以用鼠标右键中止。

2）由圆心、起点、圆心角或终点画圆弧

已知圆心、起点及圆心角或终点画圆弧。具体操作步骤如下。

（1）单击"基本曲线" 图标，在弹出的图形菜单中选"圆弧" 图标。

（2）单击立即菜单"1："的下三角按钮，在弹出的列表框中选择"圆心_起点_圆心角"选项。

（3）提示要求输入"圆心和圆弧起点"，输入后提示又变为"圆心角或终点（切点）"，输入一个圆心角数值或输入终点，则圆弧被画出，也可以用鼠标拖动进行选取。

此命令可以重复进行，也可以用鼠标右键终止。

3）已知两点、半径画圆弧

已知两点及圆弧半径画圆弧。具体操作步骤如下。

（1）单击"基本曲线" 图标，在弹出的图形菜单中选"圆弧" 图标。

（2）单击立即菜单"1："的下三角按钮，从弹出的列表框中选取"两点_半径"选项。

（3）按提示要求输入完第一点和第二点后，系统提示又变为"第三点或半径"。此时如果输入一个半径值，则系统首先根据十字光标当前的位置判断绘制圆弧的方向，判定规则是：十字光标当前位置处在第一、二两点所在直线的哪一侧，则圆弧就绘制在哪一侧，如图5-17（a）和图5-17（b）所示。同样的两点1和2，由于光标位置的不同，可绘制出不同方向的圆弧。然后系统根据两点的位置、半径值，以及刚判断出的绘制方向来绘制圆弧。如果在输入第二点以后移动鼠标，则在画面上出现一段由输入的两点及光标所在位置点构成的三点圆弧。移动光标，圆弧发生变化，在确定圆弧大小后，单击鼠标左键，结束本操作。图 5-17（c）所示为鼠标拖动所绘制的圆弧。

此命令可以重复进行，也可以用鼠标右键结束操作。

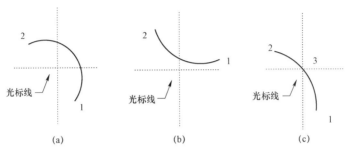

图 5-17　已知两点、半径画圆弧

图 5-17 所示为按上述操作所绘制"两点_半径"圆弧的实例。

图 5-18 所示为作"两点_半径"圆弧与圆相切的实例。

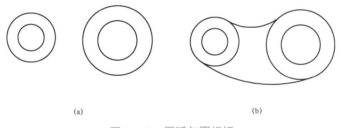

图 5-18　圆弧与圆相切
（a）操作前；（b）操作后

4）已知圆心、半径、起终角画圆弧

由圆心、半径和起终角画圆弧。具体操作步骤如下。

（1）单击"基本曲线" 图标，在弹出的图形菜单中选"圆弧" 图标。

（2）单击立即菜单"1:"的下三角按钮，从弹出的列表框中选取"圆心_半径_起终角"选项。

（3）单击立即菜单"2:"的下三角按钮，选择"半径"选项，则提示变为"输入实数"。其中文本框内数值为默认值，用户可通过键盘输入半径值。

（4）单击立即菜单"3:"或"4:"中的文本框，用户可按系统提示输入起始角或终止角的数值，其范围在区间（-360，360）内。一旦输入新数值，立即菜单中相应的内容会发生变化。这里注意起始角和终止角均是从 X 正半轴开始，逆时针旋转为正，顺时针旋转为负。

（5）立即菜单表明了待画圆弧的条件。按提示要求输入圆心点，此时会发现，一段圆弧随光标的移动而移动。圆弧的半径、起始角、终止角均为用户设定的值，待选好圆心点位置后，单击鼠标左键，则该圆弧被显示在画面上。

此命令可以重复进行，也可以用鼠标右键终止操作。

5）已知起点、终点、圆心角画圆弧

已知起点、终点和圆心角画圆弧。具体操作步骤如下。

（1）单击"基本曲线" 图标，在弹出的菜单中选"圆弧" 图标。

（2）单击立即菜单"1："的下三角按钮，从弹出的列表框中选取"起点_终点_圆心角"选项。

（3）用户先选择立即菜单"2："中的"圆心角"选项，根据系统提示输入圆心角的数值，范围在区间（-360，360）内，其中负角表示从起点到终点按顺时针方向作圆弧，而正角是从起点到终点逆时针作圆弧，数值输入完后按<Enter>键确认。

（4）最后，按系统提示输入起点和终点。

此命令可以重复进行，也可以用鼠标右键结束操作。

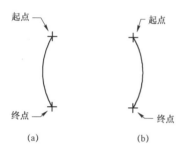

图 5-19　起点、终点、圆心角画圆弧

（a）圆心角为 60°；（b）圆心角为 -60°

起点、终点、圆心角画圆弧如图 5-19 所示，从中可以看出起点、终点相同，而圆心角所取的符号不同，则圆弧的方向也不同。其中图 5-19（a）的圆心角为 60°，图 5-19（b）所示的圆心角为 -60°。

6）已知起点、半径、起终角画圆弧

由起点、半径和起终角画圆弧。具体操作步骤如下。

（1）单击"基本曲线" 图标，在弹出的图形菜单中选"圆弧" 图标。

（2）单击立即菜单"1："的下三角按钮，从弹出的列表框中选取"起点_半径_起终角"选项。

（3）单击立即菜单"2："文本框，用户可以按照提示输入半径值。

（4）单击立即菜单"3："或"4："中的文本框，按照系统提示，用户可以根据作图的需要分别输入起始角或终止角的数值。输入完毕后，立即菜单中的条件也将发生变化。

立即菜单表明了待画圆弧的条件。按提示要求输入起点、半径、起始角和终止角，这些值均为用户设定值。起点可由鼠标或键盘输入。

此命令可以重复进行，也可以用鼠标右键结束操作。

3. 绘制圆

1）已知圆心、半径画圆

已知圆心和半径画圆。具体操作步骤如下。

（1）单击"基本曲线" 图标，在菜单中选"圆" 图标。

（2）单击立即菜单"1："的下三角按钮，弹出绘制圆的列表框，其中每一项都为一个转换开关，可对不同画圆方法进行切换，这里选择"圆心_半径"选项。圆类型列表框如图 5-20 所示。

（3）按提示要求输入圆心，提示变为"输入半径或圆上一点"。此时，可以直接由键盘键入所需半径数值，并按<Enter>键；也可以移动光标，确定圆上的一点，并按下鼠标左键。

（4）若用户单击立即菜单"2："的下三角按钮，使显示内容由"半径"变为"直径"，则在输入完圆心以后，系统提

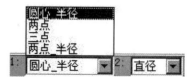

图 5-20　圆类型列表框

示变为"输入直径或圆上一点"，用户由键盘输入的数值为圆的直径。

此命令可以重复操作，也可以用鼠标右键结束操作。

2）两点画圆

通过两个已知点画圆，这两个已知点之间的距离为直径。具体操作步骤如下。

（1）单击"基本曲线" 图标，在弹出的图形菜单中选"圆" ⊕ 图标。

（2）单击立即菜单"1："的下三角按钮，从弹出的列表框中选择"两点"选项。

（3）按提示要求输入第一点和第二点后，一个完整的圆被绘制出来。

此命令可以重复操作，也可以用鼠标右键结束操作。

3）三点画圆

过已知三点画圆。具体操作步骤如下。

（1）单击"基本曲线" 图标，在弹出的图形菜单中选"圆" ⊕ 图标。

（2）单击立即菜单"1："的下三角按钮，从弹出的列表框中选择"三点"选项。

（3）按提示要求输入第一点、第二点和第三点后，一个完整的圆被绘制出来。在输入点时可充分利用智能点、栅格点、导航点和工具点。

利用"三点圆"和"工具点"菜单可以很容易地绘制出三角形的外接圆和内切圆，绘制的三点圆如图 5-21 所示。

此命令可以重复操作，也可以用鼠标右键结束操作。

4）两点、半径画圆

过两个已知点和给定半径画圆。具体操作步骤如下。

（1）单击"基本曲线" 图标，在弹出的图形菜单中选"圆" ⊕ 图标。

（2）单击立即菜单"1："的下三角按钮，从弹出的列表框中选择"两点_半径"选项。

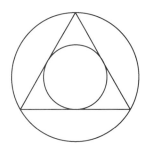

图 5-21　三点圆

（3）按提示要求输入第一点、第二点后，用鼠标或键盘输入第三点或由键盘输入一个半径值，一个完整的圆被绘制出来。

此命令可以重复操作，也可以用鼠标右键结束操作。

4. 绘制矩形

按给定条件绘制矩形。具体操作步骤如下。

（1）单击"基本曲线" 图标，在弹出的图形菜单中选"矩形" □ 图标。

（2）若在立即菜单"1："中选择"两角点"选项，则可按提示要求，用鼠标输入第一角点和第二角点。在输入第二角点的过程中，一个不断变化的矩形已经出现，待选定好位置，按下鼠标左键，这时一个用户期望的矩形被绘制出来。用户也可直接从键盘输入两角点的绝对坐标或相对坐标。比如第一角点坐标为（20，15），矩形的长为 36、宽为 18，则第二角点绝对坐标为（56，33）、相对坐标为（36，18）。不难看出，在已知矩形的长和宽，且使用"两角点"方式时，用相对坐标要简单一些。

（3）若在立即菜单"1："中选择"长度和宽度"选项，则在原有位置弹出一个新的立即菜单，按长、宽绘制矩形的菜单如图 5-22 所示。

1：长度和宽度 ▼	2：中心定位 ▼	3：角度	0	4：长度	200	5：宽度	100

图 5－22　按长、宽绘制矩形的菜单

这个立即菜单表明用长度和宽度为条件绘制一个以中心定位、倾角为 0 度、长度为 200、宽度为 100 的矩形。用户按提示要求输入一个定位点，则一个满足上述要求的矩形就被绘制出来了。在操作过程中，用户会发现，在定位点尚未确定之前，一个矩形已经出现，且随光标的移动而移动，而一旦定位点选定，即可绘制出以该点为中心，长度为 200、宽度为 100 的矩形。

（2）单击立即菜单"2："的下三角按钮，使该处的显示由"中心定位"切换为"顶边中点"，即以矩形顶边的中点为定位点绘制矩形。

（3）单击立即菜单"3：角度""4：长度""5：宽度"的文本框，均会出现新提示"输入实数"，用户可按操作顺序分别输入倾斜角度、长度和宽度的参数值，以确定新矩形的条件。

此命令可以重复操作，也可以用鼠标右键可结束操作。

5. 绘制中心线

如果拾取一个圆、圆弧或椭圆，则直接生成一对相互正交的中心线。如果拾取两条相互平行或对称的直线，则生成这两条直线的中心线。具体操作步骤如下。

（1）单击"基本曲线"图标，在弹出的图形菜单中选择"中心线"图标。

（2）单击立即菜单"1：延伸长度"（延伸长度是指超过轮廓线的长度）中的文本框，则操作提示变为："输入实数"，文本框中的数字表示当前延伸长度的默认值。可通过键盘重新输入延伸长度。中心线绘制菜单如图 5－23 所示。

图 5－23　中心线绘制菜单

（3）按提示要求拾取第一条曲线。若拾取的是一个圆或一段圆弧，则拾取选中后，在被拾取的圆或圆弧上画出一对互相垂直且超出其轮廓线一定长度的中心线。如果用鼠标拾取的不是圆或圆弧，而是一条直线，则系统提示为"拾取与第一条直线平行的另一条直线"，当拾取完以后，在被拾取的两条直线之间画出一条中心线。

此命令可以重复操作，也可以用鼠标右键结束操作。

图 5－24 所示为绘制中心线的实例。

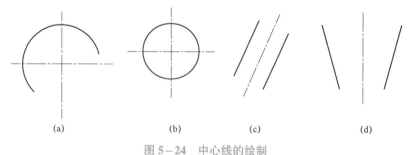

(a)　　　　(b)　　　　(c)　　　　(d)

图 5－24　中心线的绘制
(a) 圆弧；(b) 圆；(c) 平行直线；(d) 对称直线

四、程序编制

（1）首先可用 CAXA 软件画出待加工件的平面图。

（2）分析工序，该工件的加工：先切割内孔，再切割外形，选择内孔圆心为始切割点，输入间隙补偿量，生成加工轨迹和加工代码。

（3）再选择外型加工的始切割点，输入间隙补偿量（注意补偿量符号的正负），再将外形加工轨迹和程序加工代码存入文件夹中。

（4）"轨迹生成"命令。单击♡图标，或单击下拉菜单中"线切割"→"轨迹生成"选项，系统弹出"线切割轨迹生成参数表"对话框。

该对话框有两个选项卡："切割参数"选项卡（见图5－25）和"偏移量/补偿量"选项卡（见图5－26）。

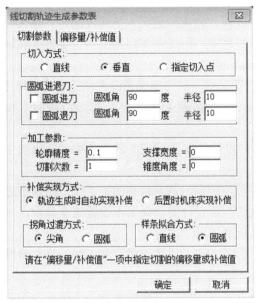
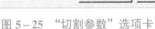

图5－25　"切割参数"选项卡

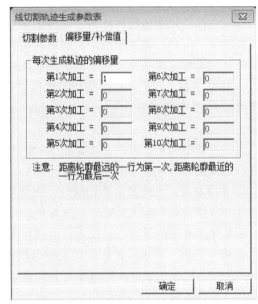

图5－26　"偏移量/补偿值"选项卡

在"切割参数"选项卡中有5个选项组，分别是"切入方式""加工参数""补偿实现方式""拐角过渡方式"和"样条拟合方式"。下面简单介绍5个选项组中参数的具体含义。

①　"切入方式"选项组。"切入方式"选项组描述了穿丝点到加工起始段起始点间电极丝的运动方式，系统提供了3种切入方式：直线切入、垂直切入和指定切入点。切入方式如图5－27所示。

图5－27　切入方式

a. 直线切入：电极丝直接从穿丝点切入加工起始段的起始点。

b. 垂直切入：电极丝从穿丝点垂直切入加工起始段，以起始段上的垂点为加工起始点。当在起始段上找不到垂点时，电极丝直接从穿丝点切入加工起始段的起始点，此时等同于直线切入。

c. 指定切入点：在加工轨迹上选择一个点作为加工的起始点，电极丝从穿丝点沿直线切入所选择的起始点。

② "加工参数"选项组。在"加工参数"选项组中，系统提供了 4 种加工参数，具体如下。

a. 轮廓精度：是指加工轨迹和理想加工轮廓的偏差。由于加工轨迹由圆弧和直线组成，所以轮廓精度这个概念是相对而言的。输入的轮廓精度为最大偏差值，系统保证加工轨迹和理想加工轮廓的偏差不大于这个值。

系统根据给定的精度将样条曲线分成多条折线段，精度值越大，折线段的步长越大，折线段数越少；反之，折线段的步长越短，折线段数越多。因此在实际加工中，要根据实际加工情况合理确定轮廓精度。系统默认值为 0.1 mm。

b. 切割次数。在高速走丝线切割机床上，通常采用一次切割成型；在低速走丝机床上，通常要求精度比较高，所以一般采用四次切割，分别是粗加工、半精加工、精加工和超精加工。

当加工次数大于 1 时，必须在图 5-26 所示的"偏移量/补偿值"选项卡中填写每次生成轨迹的偏移量。

c. 支撑宽度。当选择多次切割时，该选项的数值指定为每次切割的加工轨迹始末点之间的宽度。支撑宽度实际上是针对图形零件的多次切割而设计的。如果不设置这个参数，一次加工后零件就被切割下来，也就不可能进行多次切割加工了。

d. 锥度角度：用来设置锥度加工时电极丝的倾斜角度。采用左锥度加工时，锥度角度为正值；采用右锥度加工时，锥度角度为负值。

③ "补偿实现方式"选项组。在"补偿实现方式"选项组中系统提供了 2 种补偿实现方式，分别是轨迹生成时自动实现补偿和后置时机床实现补偿。轨迹生成时自动实现补偿是由计算机自动实现偏移量的补偿；后置时机床实现补偿是在机床控制器中相应的补偿号码中输入补偿值，由此实现偏移量的补偿。下面通过切割一个正方形工件来解释两种补偿方式的区别。

补偿示意如图 5-28 所示，由于在加工过程中必须考虑电极丝半径、放电间隙和加工预留量等因素，因此实际切割路径应为虚线路线，而非实线路线。

如果采用轨迹生成时自动实现补偿，则生成的加工代码的轨迹是虚线，补偿量直接由计算机编入程序；如果采用后置时机床实现补偿，则生成的加工代码的轨迹是实线，补偿量由机床控制器实现，生成的程序指定补偿方向和补偿器中补偿量的号码。

④ "拐角过渡方式"选项组。在"拐角过渡方式"选项组中系统提供了两种拐角过渡方式。在线切割加工中，经常碰到以下两种情况，此时必须采用尖角过渡或圆角过渡，拐角过渡方式如图 5-29 所示。

a. 加工凹形零件时，相邻两直线或圆弧的夹角大于 180°。

b. 加工凸形零件时，相邻两直线或圆弧的夹角小于 180°。

⑤ "样条拟合方式"选项组。"样条拟合方式"选项组有两种样条拟合方式，分别是直线拟合和圆弧拟合。直线拟合将样条曲线拆分成多条直线段进行拟合；圆弧拟合将样条曲线拆

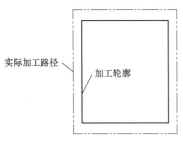

图 5-28　补偿示意

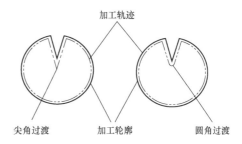

图 5-29　拐角过渡方式

分成直线段和圆弧段进行拟合。与直线拟合相比，圆弧拟合生成的图形比较光滑、线段少、精度高，生成的加工代码也较少。

当切割次数为 1 时，只需在"线切割轨迹生成参数表"对话框中输入第 1 次加工的"偏移量/补偿值"；当切割次数大于 1 时，则必须填写每次加工的"偏移量/补偿值"。偏移量的计算公式为

$$偏移量=电极丝半径+单边放电间隙+加工预留量$$

选择完轨迹生成参数后，单击"确定"按钮，屏幕提示拾取轮廓，拾取完毕后用鼠标右击，此时被拾取的轮廓线变为虚线，同时在拾取点的切线位置出现两个方向相反的箭头，屏幕提示选择链搜索方向，选择一个箭头方向作为切割方向。同时在拾取点的法向方向又出现一对方向相反的箭头，屏幕再次提示选择加工的侧边或补偿方式，也就是电极丝的偏移方向。根据实际加工情况选择电极丝的补偿方式，系统自动执行命令。

选择完补偿方向后，屏幕提示拾取穿丝点，用鼠标或键盘确定穿丝点的位置后单击鼠标左键即可。穿丝点拾取完毕后，屏幕再次提示输入退出点。如果退出点与穿丝点重合，则直接用鼠标右击或按<Enter>键；如果不重合，则选择别的点作为电极丝的退出点。确定退出点后，系统自动计算加工轨迹，用鼠标右击结束命令。

（5）"轨迹跳步"命令。当同一个零件存在多个加工轨迹时，为确保各轨迹间的相对位置，通常希望能把各个加工轨迹连接成一个轨迹，从而实现一次切割完成。为此 CAXA 软件提供了"轨迹跳步"命令。

单击 图标，或单击下拉菜单中"线切割"→"轨迹跳步"选项，屏幕提示拾取加工轨迹。分别选取已处理的加工轨迹，完毕后用鼠标右击，系统自动将各个加工轨迹按拾取的先后顺序连接成一个跳步加工轨迹。各个轨迹采用首尾相接的方式连接，即前一个加工轨迹的退出点与后一个加工轨迹的穿丝点相连。轨迹跳步前后对比如图 5-30 所示。

（6）"取消跳步"命令。与"轨迹跳步"命令相反，"取消跳步"命令是将生成的轨迹跳步分解成多个加工轨迹。

图 5-30　轨迹跳步前后对比

单击 图标，或单击下拉菜单中"线切割"→"取消跳步"选项，屏幕提示拾取跳步加工轨迹。拾取完毕后，用鼠标右击结束命令，系统自动将跳步轨迹分解成多个独立的加工轨迹。

（7）"轨迹仿真"命令。"轨迹仿真"命令是生成加工轨迹后，在计算机中模拟实际加工

过程中切割工件的状况。单击 图标，或单击下拉菜单中"线切割"→"轨迹仿真"选项。CAXA 软件提供了两种轨迹仿真方式：动态、静态。

① 动态。单击立即菜单"1:"的下三角按钮，选择"连续"选项，单击立即菜单"2:"中步卡"的文本框，输入步长数值，步卡数值控制电极丝的仿真运动速度，步长值越大，仿真运动速度越快。按屏幕提示拾取加工轨迹，完毕后用鼠标右击结束命令，系统将完整地模拟动态加工的全过程，动态轨迹仿真如图 5-31 所示。

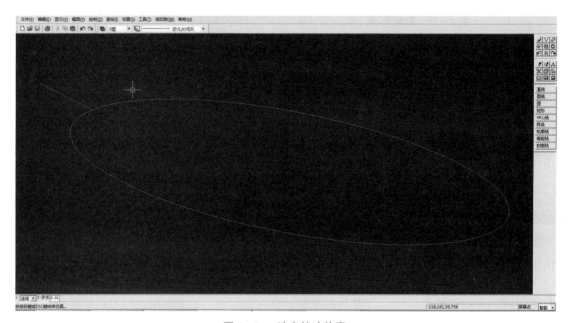

图 5-31 动态轨迹仿真

② 静态。单击立即菜单"1:"的下三角按钮，选择"静态"选项，按屏幕提示拾取加工轨迹，完毕后用鼠标右击结束命令，系统将加工轨迹用阿拉伯数字标出加工的先后顺序。

五、工件的装夹与校正

1）工件的装夹

对该工件可以采用两端支撑和桥式支撑装夹方式，本例中可以采用桥式支撑装夹方式，其装夹的一般要求如下。

（1）待装夹的工件基准部位应清洁无毛刺，符合图样要求，对经淬火的工件在穿丝孔或凹模类工件扩孔的台阶处，要清除淬火时残渣物及工件淬火时产生的氧化膜表面，否则会影响工件与电极丝间的正常放电，甚至卡断电极丝。

（2）所用夹具装夹前先将夹具与工作台面固定好。

（3）保证装夹位置在加工中能满足加工行程需要，工作台移动时不得与刀架臂相碰，否则无法正常加工。

（4）装夹位置应有利于工件的找正。

（5）夹具对固定工件的作用力应均匀，不得使工件变形翘起，以免影响加工精度。

（6）成批零件加工时，最好采用专用夹具，以提高工作效率。

（7）细小、精密、壁薄的工件应先固定在不易变形的辅助小夹具上才能进行装夹，否则无法加工。

（8）将待加工工件毛坯按以上要求装夹到工作台上用小压板轻压。

2）工件校正

（1）校正工件的一侧边与 X 轴平行。

方法一：用杠杆百分表将磁性表座吸在丝架上，将表头端紧靠待校工件与 X 轴平行的一侧面上，摇动 X 轴，观察表针变化情况，慢慢调整，直至允许的范围内。

方法二：将机床运丝部分开启，开启高频，在手动状态下，使工件与电极丝开始放电，这时摇动 X 轴，观察火花的大小，再校正工件，使其放电火花大小均匀即可。

（2）对工件表面的校正，可以将杠杆百分表的磁性表座吸在丝架上，将表头紧固于工件的上表面，X 轴和 Y 轴方向分别进行校正，直至其变化在 0.02 mm 以内。

六、电极丝的准备工作

1. 穿丝

根据上述的加工工艺，要先加工内孔，那么就必须使电极丝从工件孔穿过，穿丝操作步骤如下。

（1）将储丝筒运行到一端。

（2）松开电极丝，压紧螺钉，一手拉电极丝，另一手使丝端慢慢转动，绕起多余的电极丝。

（3）移动工件台，使待加工工件的穿丝孔正对水嘴。

（4）将细铜丝对折后，穿过上水嘴孔、工件的穿丝孔及下水嘴孔。

（5）将松开的电极丝一端穿入对折细铜丝的中间并慢慢从中抽出细铜丝，用镊子或小钩将电极丝放在下导轮上。

（6）待细铜丝将电极丝从上水嘴孔中抽出，拿开细铜丝并用手拿住电极丝的一端，拉向储丝筒，注意电极丝必须在上导轮槽内，经导电块、挡丝柱再拉到储丝筒上。

（7）将电极拉紧并压在压紧螺母下，这时转动储丝筒并将多余的电极丝剪掉或压在缠绕的电极丝下。

（8）最后观察限位开关的位置是否合适或观察电极丝是否在上下导轮上。

（9）移动工作台使电极丝在穿丝孔的中央。

（10）转动储丝筒观察另一端限位开关的位置并调整至合适。

（11）使机床空运转 3 min 左右观察电极丝的松紧，如果偏紧可以手动调整（有自动紧丝装置的机床除外）。

2. 紧丝

对高速走丝线切割机床，一般不用自动紧丝装置，当电极丝松动时，需要人工手动紧丝，其操作步骤如下。

（1）将电极丝移动到手轮一端。

（2）将电极丝放入紧丝轮槽内，一边转动储丝筒，一边拉紧丝轮（注意力量一般为 10～30 N，根据电极丝粗细情况而定）。

（3）该步骤同穿丝操作步骤（7）。

（4）建立坐标系并调出相应的程序切割内孔。

（5）待内孔加工完成后，抽出电极丝。

（6）将储丝筒运行到一端。

（7）松开电极丝，压紧螺钉，一手拉电极丝，另一手使丝端慢慢转动，绕起多余的电极丝。

七、检测评价

评分标准如表 5-1 所示。

表 5-1 评分标准

班级			姓名		工时		40 min
序号	内容及要求		评分标准	配分	自测结果	老师测量	得分
1	50 mm	IT	超差 0.01 mm 扣 1 分	10			
		Ra3.2 μm	降级不得分	3			
2	30 mm	IT	超差 0.01 mm 扣 1 分	10			
		Ra3.2 μm	降级不得分	3			
3	12 mm	IT	超差 0.01 mm 扣 1 分	10			
		Ra3.2 μm	降级不得分	3			
4	ϕ12 mm	IT	超差 0.01 mm 扣 1 分	10			
		Ra3.2 μm	降级不得分	3			
5	R10 mm	IT	超差 0.01 mm 扣 1 分	6			
		Ra3.2 μm	降级不得分	3			
6	R5 mm、R3 mm、C3	IT	超差 0.01 mm 扣 1 分	6			
		Ra3.2 μm	降级不得分	3			
7	程序编制		酌情扣分	15			
8	零件整个轮廓全部完成		未完成轮廓加工不得分	10			
9	文明生产、工艺		酌情扣分	5			

项目六

电火花机床的简介与操作

> 项目提出

机械加工过程中，会遇到表面形状复杂的工件，如复杂型腔的模具，也会遇到薄壁、微细小孔、异形小孔、深小孔等有特殊要求的零件等，这些特殊的零件运用常规的机械加工方法无法完成，那么怎么来加工这类零件呢？电火花加工基于电火花腐蚀原理，是在工具电极与工件电极相互靠近时，极间形成脉冲性火花放电，在电火花通道中产生瞬时高温，使金属局部熔化，甚至气化，从而将金属蚀除下来。

> 项目分析

科学家们在 20 世纪 40 年代就发现了火花放电腐蚀损坏的现象，发现电火花的瞬时高温会使局部金属熔化，甚至汽化而被蚀除掉，从而开创和发明了电火花加工方法。而一些特殊的零件就是利用电火花机床加工的。本项目主要是介绍电火花机床的操作加工，通过本项目的学习，学生可以掌握电火花机床加工原理和特点、电火花机床的分类、电火花机床的系统构成、电火花加工常用术语、电火花加工的应用范围、电火花机床的基本操作、电火花机床的安全注意事项和电火花机床一般故障的检查与排除等工作。

> 项目实施

一、电火花加工的原理和特点

1. 电火花加工原理

电火花加工是在一定的液体介质中，利用脉冲放电对导电材料的电蚀现象来蚀除材料，从而使零件的尺寸、形状和表面质量达到预定技术要求的一种加工方法。电火花加工原理如图 6-1 所示。

加工时，脉冲电源的一极接工具电极，另一极接工件电极，两极均浸入具有一定绝缘度的液体介质（煤油、矿物油）中。工具电极由自动进给装置控制，以保证工具和工件在正常加工时维持很小的放电间隙（0.01～0.05 mm）。脉冲电源电压波形如图 6-2 所示。当脉冲电压加到两极间时，便将极间最近点的液体介质击穿，形成放电通道。由于通道的截面积很小，放电时间极短，致使能量高度集中（$10^6 \sim 10^7$ W/mm²），放电区域产生的高温使材料熔化甚至蒸发，以致形成一个小凹坑。第一次脉冲放电结束后，经过很短的时间间隔，第二个脉冲又在极间最近点击穿放电。

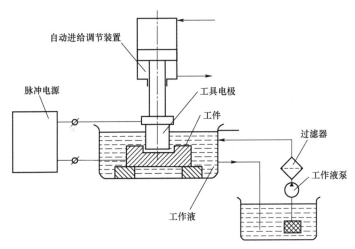

图 6-1 电火花加工原理

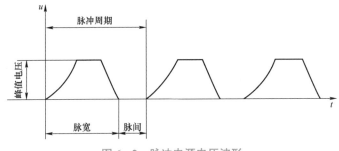

图 6-2 脉冲电源电压波形

如此周而复始高频率地循环下去，工具电极不断地向工件进给，它的形状最终就复制在工件上，形成所需要的加工表面。

2. 电火花加工的条件

电火花加工的条件如下。

（1）必须采用脉冲电源，以形成瞬时的脉冲放电。

（2）必须采用自动进给调节装置，以保持工具电极与工件电极间微小的放电间隙。

（3）火花放电必须在具有一定绝缘强度的液体介质（工作液）中进行，如煤油、乳化液、去离子水等。工作液除了有利于产生脉冲式的火花放电外，还有利于排出放电过程中产生的电蚀产物，冷却电极以及工作表面。

3. 电火花加工的特点

电火花加工的特点如下。

（1）可加工任何高强度、高韧性、高硬度、高脆性，以及高纯度的导电材料，如不锈钢、钛合金、工业纯铁、淬火钢、硬质合金、导电陶瓷、立方氮化硼、人造聚晶金刚石等。

（2）加工时无明显切削力，适用于低刚度工件和细微结构的加工。

（3）脉冲参数可根据需要进行调节，可在一台机床上进行粗加工、半精加工和精加工。

（4）在一般情况下，生产效率低于切削加工。

（5）放电过程中的工具电极损耗会影响成形精度。

二、电火花机床的分类

电火花机床的分类如下。

1. CNC 电火花机床

CNC 电火花机床是指三轴或三轴以上的数控电火花机床，每个轴皆能实现放电加工，也可实现多轴连动放电加工。

2. ZNC 电火花机床

ZNC 电火花机床只有 Z 轴可实现放电加工，X 轴及 Y 轴手动控制，只有定位功能。

3. 特种电火花机床

特种电火花机床用于特殊加工的电火花机床，如轮胎模具电火花机床、鞋模电火花机床等。

电火花机床的基本物理原理是：自由正离子和电子在场中积累，很快形成一个被电离的导电通道，此时，两板间形成电流，导致粒子间发生无数次碰撞，形成一个等离子区，使温度很快升高到 8 000～12 000 ℃，在两导体表面瞬间熔化一些材料。同时，由于电极和电介液的汽化，形成一个气泡，并且它的压力上升到非常高；然后电流中断，温度突然降低，引起气泡内向爆炸，产生的动力把熔化的物质抛出弹坑，被腐蚀的材料在电介液中重新凝结成小的球体，并被电介液排走；最后通过 NC 控制的监测和管控，伺服机构执行，使这种放电现象均匀一致，从而使加工物被加工，并使之成为合乎尺寸大小及形状精度要求的产品。

三、电火花机床的系统构成

1. 系统外观图及各部分构成

A 系列电源以 NC 系统为核心，其主要系统构成如图 6-3 所示。

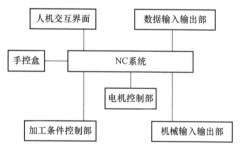

图 6-3 系统构成

（1）手控盒（遥控器）集中了程序操作过程中使用频率很高的按键。

（2）人机交互界面由触摸屏、显示器和机械动作控制键等构成，其作用是将操作人员的指令输入 NC 主机，并告知操作人员系统的工作状态。

（3）数据输入输出部的 USB 模拟软盘驱动器完成 A 系列电源系统所用的 NC 程序的输入输出。

（4）NC 系统的作用是对输入数据进行解析，并对加工系统进行指令、监视、控制和管理。

（5）加工条件控制部为适应加工状态，提供最适合的加工波形和加工条件。

（6）电机控制部根据 NC 系统的指令，完成高速、高精度的移动、定位等操作。

（7）机械输入输出部从 NC 系统向机械部传送指令，并将机械部状态反馈通知给 NC 系统。

2. 手控盒（遥控器）

手控盒上集中了在 NC 主机进行加工准备过程中必要的开关。手控盒外观如图 6-4 所示。

图 6-4　手控盒外观

（1）坐标系切换键包括 A·0，A·1，A·2，A·3 等各键，这些键在 A 系列电源中不起作用。

（2）手控移动键（JOG）包括"X-""X+""Y-""Y+""Z-""Z+""U-""U+""V-"和"V+"键，作用在于选择数控轴及其方向。

（3）轴及其方向的定义是：面对机床正前方，左右方向为 X 轴，前后方向为 Y 轴，上下方向为 Z 轴，以主轴（电极）的运动方向而言，向右为 $+X$，向左为 $-X$，向前为 $+Y$，向后为 $-Y$，向上为 $+Z$，向下为 $-Z$。$+U$、$-U$ 仅对装有 U 轴的机械操作才有效，其中电极顺时针旋转为 $+U$，逆时针旋转为 $-U$，$+V$、$-V$ 不起作用。

（4）用 MFR 拨挡（JOG 键）开关手控移动时，可根据 MFR 选择 4 挡不同的轴移动速度。MFR0 是移动高速挡，MFR1 是移动中速挡，MFR2 是移动低速挡，MFR3 是微动挡。选择此挡时，每按一次所选轴向键，数控轴移动 0.001 mm。

（5）"ENT"键是执行键，使系统根据用户设定的程序进行运转。

（6）"OFF"键是停止键，轴动作时（包括移动、定位及加工），按下此键，则运转终止。此时蜂鸣器鸣叫，画面显示"按终了键停止，请按解除键。"在上述显示状态下，无法实现轴的动作。

（7）"HALT"键是暂停键，轴动作时（包括移动、定位及加工），按下此键，则运转暂停动作。此时蜂鸣器鸣叫，画面显示"暂时停止。请按实行键，终止请按终了键。"在上述显示状态下，基本无法实现新动作，按遥控盒的"JOG"键可实行轴移动。

（8）"ACK"键是解除键，发生机械故障或按"结束"键后，再按此键可解除中止状态。

（9）"ST"键是忽略接触感知键，在按下此键的状态下，利用"JOG"键进行轴移动时，将无视接触感知（通常，轴移动，工件与电极接触时，轴运动将无条件停止，称为"接触感知"）。

（10）"UV"键、"CLAMP"键、"UN CLAMP"键这些键在本系列机床中不起作用。

（11）操作示例如下。

① 按"X-"键，令 X 轴向"-"方向移动。

② 画面左上部显示的当前坐标值随轴的移动而变化。

③ 移动速度可利用"MFR"拨挡开关进行选择。

④ 轴移动超出移动范围时，极限开关启动，轴自动停止。此时，所有的轴都无法移动。

⑤ 解除轴的锁定，按"ACK"键。

3. CNC 电源面板各部件名称及用途

电源控制面板外观如图 6-5 所示。

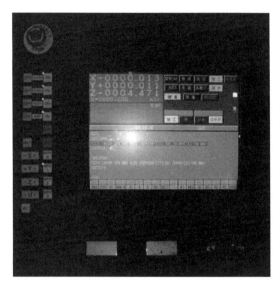

图 6-5 电源控制面板外观

各部件名称和作用如下。

（1）显示装置通过显示器，显示电源、机械系统的各种情报和机械操作的提示。

（2）急停止开关是紧急关闭电源系统的开关。除特殊情况外，请不要按此开关。

（3）电源开关（SOURCE ON/SOURCE OFF）是打开或关闭 NC 电源的开关。

（4）动力开关（POWER ON/POWER OFF）是打开机械部电源的开关。此开关只能在打开电源开关后才能打开。

（5）动作控制键包括实行键、解除键、暂停键、终了键。"ENT"键（执行键）使系统根据用户设定的程序进行运转；"HALT"键（暂停键）暂停现行的操作程序，按"ENT"键后恢复运行；"OFF"键（终了键）停止机械部的动作；"ACK"键（解除键）用在错误发生以及按"OFF"键后，按系统提示所做的必要操作

（6）电流表显示平均加工电流，电压表显示平均加工电压。

（7）USB 模拟软盘接口是用于用户加工时的 FD 操作，USB 模拟软盘接口如图 6-6 所示。

图 6-6 USB 模拟软盘接口

USB 模拟软盘接口功能如下。

① 左侧数据读取指示灯：计算机在读取 U 盘数据时，指示灯亮起。注：指示灯亮起时禁止将 U 盘取出。

② 显示框：显示 U 盘内各软盘功能块的盘号。

③ USB 接口：用来连接专用 USB 设备。

④ 盘符切换按钮：用来切换各个软盘功能块。

⑤ 右上侧 U 盘插入指示灯：当 U 盘插入后，指示灯亮起。

⑥ 右下侧指示灯：暂时无用。

4. 人机交互画面

本系统人机交互画面的模块可划分为按各种操作分类的模块和对各操作模块进行细致设定工作的"详细"模块。人机交互画面构成如图 6-7 所示（表示该模块可进行文件操作）。

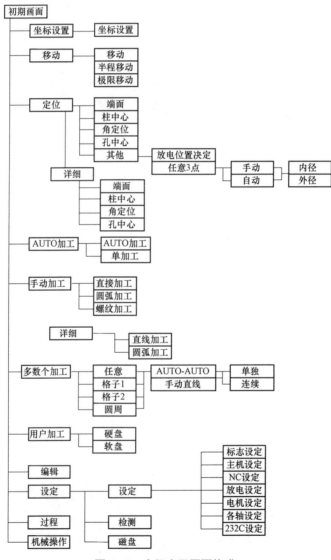

图 6-7　人机交互画面构成

（1）初期画面：接通电源时有将 X、Y、Z 轴移至机械极限，设定机械原点的必要，在该画面中，各轴自动向指定方向运动，并设定机械原点。

（2）坐标设置：进行坐标系变换和改变当前坐标系的各轴坐标值。

（3）移动：将电极移至指定位置的模块。移动类型有移动、半程移动和极限移动。

（4）定位：测定电极和工件基准位置的模块。定位类型有端面定位、柱中心定位、角定位、孔中心定位和其他定位。

（5）AUTO 加工：NC 系统根据输入的加工深度、材质等有关数据，自动生成适合的加工条件，进行加工的模块。AUTO 加工的类型有 AUTO 加工和单加工。

（6）手动加工：根据用户手动输入加工条件和加工次数等进行的加工，包括手动的直线加工、圆弧加工和螺纹加工。

（7）多孔加工：输入加工位置和个数，并进行加工的模块。加工位置的类型有任意位置的加工、格子状（两类）加工和圆周状加工四种。

（8）用户加工可在此模式下进行 NC 程序的编辑和设定。

（9）编辑：用以生成和编辑 NC 程序的模块。

（10）设定。设定类型包括设定、检测和磁盘，具体内容如下。

① 设定：设定电源及机械部的方法。

② 检测：检查电源和机械部的输入输出状态。

③ 磁盘：可进行断电复位功能的设定。

5. 画面构成

A 系列电源屏幕显示的画面分为初始画面和详细画面。在详细画面中，用户可输入比非详细画面更多的数据和加工要求。画面划分图如图 6-8 所示。

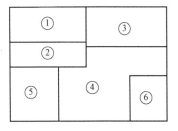

图 6-8　画面划分图

在图 6-8 中，① 为坐标值显示区域，显示 X、Y、Z、U 轴的当前坐标值；② 为信息显示区域，显示机械部和 NC 状态的信息；③ 为模块按钮显示区域，显示各模块、子模块选择切换的按钮键；④ 为数据输入区域，输入加工数据和加工要求；⑤ 为帮助说明区域，显示各操作内容的帮助画面和文字说明；⑥ 为模拟键盘区域，显示数字键等模拟键盘的输入按键。

四、电火花加工常用术语

1. 电火花加工的基本规律

1）极性效应

2）覆盖效应

覆盖效应的产生有以下五个条件。

① 要有足够高的温度。

② 要有足够多的电蚀产物，尤其是介质的热解产物——碳粒子。

③ 要有足够的时间，以便在这一表面上形成一定厚度的碳素层。

④ 一般采用负极性加工，因为碳素层易在阳极表面生成。

⑤ 必须在油类介质中加工。

2. 电火花机床的加工工艺规律

1）影响加工速度的主要因素

影响加工速度的主要因素如下。

（1）体积加工速度。

（2）在一般情况下，加工速度的大小与峰值电流及脉冲宽度的大小成正比，与脉冲间隔的大小成反比。

（3）非电参数对加工速度的加工面积、抬刀、充抽油、工作液、电极材料、工件材料和加工的稳定性有一定影响。

2）影响表面粗糙度的主要因素

影响表面粗糙度的主要因素有峰值电流、脉冲宽度、脉冲间隔、电极材料及表面质量、工作液和加工面积。

3）影响电极损耗的主要因素

在加工中，影响电极损耗的因素主要有极性、脉冲宽度和脉冲间隔。

4）影响电极损耗的主要因素

影响电极损耗的主要因素有峰值电流、充抽油、电极材料、工件材料和放电间隙。

5）影响加工精度的因素

影响加工精度的因素有电参数、放电间隙、二次放电。放电过程如图6-9所示。

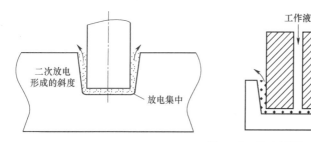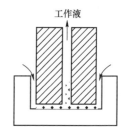

图6-9　放电过程

6）表面变化层的力学性能

表面变化层包括熔化层和热影响层。表面变化层如图6-10所示。

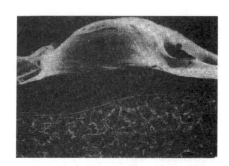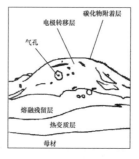

图6-10　表面变化层

表面变化层的力学性能有显微硬度及耐磨性、残余应力和疲劳性能。

五、电火花加工的应用范围

电火花加工的应用范围如下。

（1）电火花型腔加工分为三维型腔、型面加工和电火花雕刻，主要用于加工各类热锻模、压铸膜、挤压模、塑料模和胶木模型腔。电火花型腔加工如图 6-11 所示。

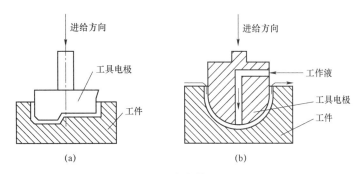

图 6-11　电火花型腔加工

（a）普通工具电极；（b）工具电极开有冲油孔

（2）电火花穿孔加工主要用于加工型孔（圆孔、方孔、多边形孔、异形孔）、曲线孔（弯孔、螺旋孔）、小孔和微孔。电火花穿孔加工如图 6-12 所示。电火花高速小孔加工如图 6-13 所示。

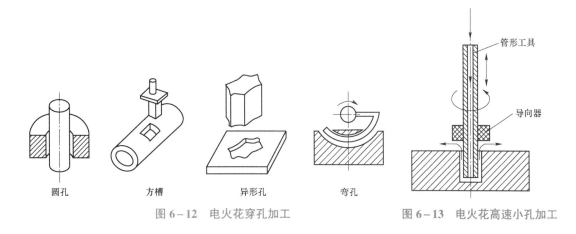

图 6-12　电火花穿孔加工　　　　　　图 6-13　电火花高速小孔加工

六、电火花机床的基本操作

1. CNC 电源的启动

电源的开关键位置如图 6-14 所示。

启动 CNC 电源时，请先开启 CNC 电源右侧后方的电源总开关，再按以下顺序进行操作。

（1）按图 6-14 右上角的"SOURCE ON"键，相应指示灯亮起，此时显示器开始显示计算机自检，稍后出现开机画面。待计算机自检结束，显示如图 6-15 所示"请按［POWER］键"的画面。

（2）按下"POWER ON"键后，相应显示灯亮起，机械部分的电源启动。

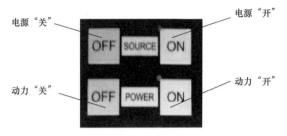

图 6-14　电源的开关键位置

图 6-15　请按"POWER"键的画面

（3）机械原点设定利用移动模块下极限移动的操作，将全部轴移至极限位置，以设定机械原点（一般取 $+Z$、$-X$、$-Y$）。

2. CNC 电源的关闭

关闭 CNC 电源，按以下顺序进行操作。

（1）确认 CNC 电源和机械部分是否在工作状态，若系统处于运转中，则应先停止工作。若正在执行轴移动或其他动作，则要在所有动作停止后再关闭电源。不要在从设定模块到其他模块的画面切换过程中关闭电源。

（2）按显示装置左下角的"POWER OFF"键，则"POWER ON"键相应指示灯灭，由此中断向机械部分的供电。

（3）按"SOURCE OFF"键，则"SOURCE ON"键相应指示灯灭，由此中断向电源部分的供电，显示器显示切断。

（4）切断系统总电源。

（5）切断工厂方面的初级电源。

3. CNC 电源的紧急停止

当发生意外情况，须紧急停止机械运转时，需要按下电源控制面板上的红色急停开关，从而迅速切断系统电源。

（1）急停开关一经按下将保持该状态。若需解除该状态，需要将开关顺时针旋转至开启。

（2）若非紧急状态，请勿使用急停功能，多次使用该功能，可能造成 NC 系统的数据丢失。

4. CNC 电源界面触摸键及其操作

CNC 电源的用户界面非常友好，由于采用了"触摸屏"技术，即将传统键盘上的键用触摸屏上的"键"代替，使人机交换在屏幕上就可以方便地进行。

CNC 电源屏幕上的触摸键大致分为以下四类。

（1）模块键。用手指（或其他工具）"触摸"相应的模块或子模块键，则此键呈选中状态（颜色变为黄色），同时，画面切换到被选择的模块（子模块）。

"详细"键：按下此键后，画面切换至当前模块的详细画面。

"文件"键：按下此键后，画面切换成文件操作画面。

（2）"数据输入"键：输入和选择加工条件参数的键，按下"输入项目"键，再按模拟键盘上的数字键、符号键，就可以输入加工要求和加工参数。

（3）模拟键盘。模拟键盘如图 6-16 所示。

① 数字键有"0""1""2""3""4""5""6""7""8""9"键，用以选择和输入加工参数。

② 符号键有"+""-"键，用以设定加工参数的正负和移动的正负方向。

③ "取消"键用于取消上一次的输入。

（4）功能键。在某些模块中，画面最下行会出现功能键，用户可根据功能键的名称和功能进行使用。

图6-16 模拟键盘

5. CNC 电源基本操作流程

CNC 电源从加工准备到加工实行的基本操作流程，如图6-17所示。本部分就轴的移动、工件设定和坐标转换的有关操作进行说明。

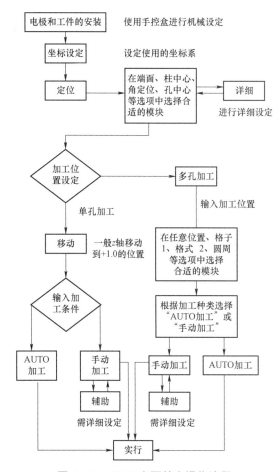

图6-17 CNC 电源基本操作流程

七、电火花机床的安全注意事项

（1）电火花机床工作液若为易燃介质，必须配备干粉灭火器，以防运行中发生火灾，并且操作者操作前必须掌握干粉灭火器的使用方法。

（2）禁止用湿手、污手按开关或接触计算机操作键盘等电器设备。

（3）一切工具、成品不得放在机床台面上。

（4）安装电极和电极找正时，一定要在切断电源的状态下进行。

（5）在放电加工过程中，严禁手或身体各部位接触电极。

（6）操作时必须保持精力集中，发现异常情况如积炭、液面低、液温高和着火时要立即停止加工、及时处理，以免损坏设备。

（7）操作过程中，进行移动操作时要特别小心，必须确认移动行程中没有阻挡物，以防撞坏电极和工件，造成移动轴伺服过载甚至损坏机床的现象。

（8）在操作过程中如发生意外，首先要按下操作面板上的红色紧急按钮，再拔下插头，检查事故原因，待排除故障后再开机，启动时间间隔不得小于 50 s（秒）。

八、电火花机床一般故障的检查与排除

在故障的检查与排除之前必须先准备好一块万用表、指针表或数字表。根据以上的原理图，解决相应部位的故障。在采用电火花机床进行加工时一般有以下 18 种常见故障。

（1）开机时"SOURCE"键按下后，键上指示灯亮一下马上就灭，无法开机。具体解决操作是：首先，检查急停开关是否按下，查看灭火器电缆 ZN2、ZN10 电缆连接是否正常；其次，更换继电器 SUON、SUOF；最后，查看 24 V 开关电源是否短路保护，并在开机瞬间查看电源指示灯是否闪烁，测量电压是否有很大的波动。如果存在此现象，根据图纸检查电柜 24 V 用电设备。

（2）开机时提示"DISK BOOT FAILURE, INSERT SYSTEM DISK AND PRESS ENTER"。具体解决操作是：首先，查看软驱里是否有不能启动的软盘；然后，开机进入 BIOS 设置，查看硬盘信息是否被认出，如果硬盘信息存在，重新对硬盘进行格式化并安装系统；如果硬盘信息不存在，检查硬盘电缆是否连接好，如果电缆无故障，则更换硬盘。

（3）出现开机画面后，超过 5 min 没有任何变化。具体操作是：重新安装软件，如果故障依旧，测量 NC 单元电源是否正常，如果电源正常，则更换 NC 电路板。

（4）出现开机画面后，屏幕左上角提示"触摸屏错误"。此故障主要针对 A 系列电源，出现此故障，应重新对 NC 进行插拔，主要是查看触摸屏电缆是否有接触不良，故障仍存在，则更换软件，如果仍无改善，则更换触摸屏。

（5）按下"POWER"键后，任意移动轴，提示"105 保护，油温过高"。具体解决操作是：首先，查看 BJDQ 电路板油温继电器是否吸合，如果未吸合，检查机床油温传感器是否连接正确；如果继电器吸合，查看 NC－FL31 电缆正常，如果电缆无故障，则更换 NC 电路板。

（6）按下"POWER"键后，提示"浮子异常"。遇此故障应查看面板浮子开关是否被强制打开，查看 BJDQ 电路板浮子继电器灯是否亮起。如果亮起，查看浮子是否故障，查看电缆正常；如果电缆无故障，则更换 NC 电路板。

（7）正常开机后，屏幕显示 U 轴数字一直在动。此时，应将手控盒拔掉，再开机查看故障是否解决，如果故障依旧，则更换 NC 电路板。

（8）正常开机后，移动轴提示"热保护"。此时应查看驱动单元，确定是哪一个驱动器提示错误，根据错误代码判断故障范围（错误代码详见驱动器说明书）。

（9）开机后屏幕一直提示"现在实行中"。遇此故障应更换软件，如果故障依旧，则更换NC电路板。

（10）开机走极限后提示"找不到机械原点"。此时应根据故障判定是哪个轴，检查该轴电缆，如果故障依旧，则更换驱动单元电路板DIF－04。

（11）正常状态下，无人使用，屏幕显示手指在动。此时应检查屏幕是否有脏物，如果擦拭干净依旧如此，则重新安装软件；如果故障依然未解决，考虑更换触摸屏，首先更换通信电缆，再更换触摸屏。

（12）正常状态使用，触摸屏没有反应。遇此故障应查看机器是否死机，如果未死机，重新启动故障依旧，则更换触摸屏。

（13）无接触感知。此时应检查表头10 V左右电压是否正常，如果电压正常，检查电极线是否连接正确、电极与工件之间是否绝缘；如果电压不正常，检查开关电源单元四和单元一的开关电源是否工作正常、输出电压是否正确、开关电源单元220 V时间继电器是否工作正常，如果电源无故障，则更换NG电路板。

（14）定位时误差较大。遇此故障应检查电极工件表面是否有脏物，电极、夹具、工件是否装紧。

（15）液位满后，油泵时开时关。遇此故障应检查油泵连接是否正确，有工作泵标识的电柜要看清标识进行连接，没有标识的电柜油泵小板中间插座为主工作油泵，上方油泵为辅助工作油泵。

（16）手控盒按相应的轴不移动。遇此故障应重新插拔手控盒，如果故障依旧，则排除手控盒故障，更换NC电路板。

（17）加工时无电压。遇此故障应检查低压电源AVR、高压电源HVR输出是否正常，如果正常，查看驱动单元电路板DIF－04上插头是否接触良好，如果均未发现异常，此时，应根据图纸由电源向前，检查功放单元、信号线以及放电控制板NG是否正常，逐级检查。

（18）一放电就拉弧。此时应检查功放电路板IGBT场效应管是否被击穿、NG是否被损坏。

≫ 项目总结

　　本项目通过介绍电火花机床的加工原理和特点、电火花机床的分类、电火花机床的系统构成、电火花加工的常用术语、电火花加工的应用范围、电火花机床的基本操作、电火花机床的安全注意事项以及电火花机床的一般故障的检查与排除等基本操作来使学生掌握电火花机床加工的方法。

≫ 拓展案例

电火花加工断入工件的螺钉

一、任务布置

　　目前，很多零件都采用螺钉连接，使用时间长了以后，有些螺钉会因锈蚀而断入工件中，用机械方法很难处理断入工件的螺钉，断入工件的螺钉如图6－18所示。电火花加工可以用软的工具加工硬的工件，即可以"以柔克刚"，因此用电火花加工断入工件的螺钉是常用的方法。工件中螺钉尺寸示意如图 6-19 所示。

图 6-18　断入工件的螺钉

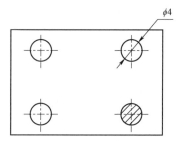

图 6-19　工件中螺钉尺寸示意

二、任务实施

1. 机床的启动

给机床通电，旋动开关到"ON"位置，按下绿色的启动按钮，开机启动。在启动机床后，首先需要进行回原点或机床的复位操作。回原点操作时为了防止撞刀，一般是先回 Z 坐标轴，然后再回 X 坐标轴，最后回 Y 坐标轴。目前数控电火花机床自动化程度较高，只需要按下机床相应的回原点按钮，机床便可自动回原点（自动回原点的顺序也是先回 Z 轴，再 X 轴，最后 Y 轴。如果不按照顺序，则可能会使工具电极和工件或夹具发生碰撞，从而导致短路或使工具电极受到损伤）。

2. 工件的装夹

工件装夹前要先去除毛刺、除磁去锈，然后将工件装夹在电火花加工用的专用磁性吸盘上，以工件较平整的面与吸盘接触。

3. 电极的设计

电极材料选用黄铜，电极的结构设计根据机床上现有的安装电极的夹具来决定。一般机床采用钻夹头或者电极标准筒形夹具。电极部分分为装夹部分和加工部分，加工部分的直径取孔径 d 的 40%～80%，现在取中间值即孔径的 60%，工件中螺钉尺寸如图 6-20 所示。螺钉的长度比加工的工件厚度大一点就好。

4. 电极的装夹与校正

将电极装在电极夹头上，利用直角尺用目测法校正电极。

5. 电极的定位

电位的定位尺寸余量大，定位不需要十分精确，可以通过目测定位。具体操作为：将电极抬到一定高度，通过手控盒，将电极初步移

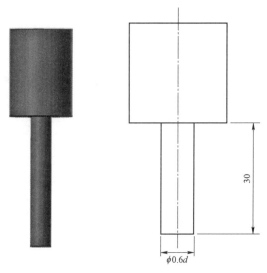

图 6-20　工件中螺钉尺寸

到要加工部位的上方，然后降低电极高度至工件上方 1～2 mm，再通过目测较精确地将电极移到工件要加工部位的上方。

三、部分加工功能指令简介

1. G（准备功能）指令

G 指令有很多，有机床生产厂家定义的 G 指令，也有用户自定义的指令代码，本项目中仅介绍部分指令代码及其功能，见表 6−1。

表 6−1　部分 G 指令代码及其功能

G 代码	功能	打开电源时	OFF STOP RESET 时	M02 执行时
G00	决定位置、移动	G00	G00	G00
G01	直线插补			
G02	圆弧插补（顺时针）			
G03	圆弧插补（逆时针）			
G04	间歇（延时）			

（1）G00 代码用来指定所指定轴在不加工状态下移动到指定位置。

输入格式为：

G00　轴指定±数据

例如，如图 6−21 所示的 G00 代码格式为：

G00 X＋100 Y＋200

（2）G01 代码用来指定各轴进行直线插补加工。

输入格式为：

G01　轴指定±数据

例如，如图 6−22 所示的 G01 代码格式为：

G01 X＋100 Y＋200

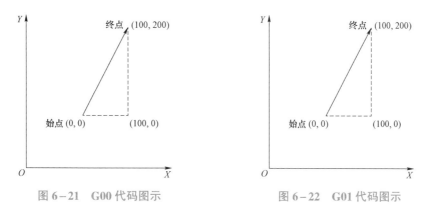

图 6−21　G00 代码图示　　　　图 6−22　G01 代码图示

（3）G02、G03 代码用来进行圆弧插补加工，其能够对任意坐标的圆弧进行加工。

输入格式为：

G02/G03

终点位置坐标，用 X、Y、Z 指令指定，圆弧中心用 I、J、K 指定，分别和 X、Y、Z 对应。G02 表示顺时针方向回转的指令，G03 表示为逆时针方向回转的指令。

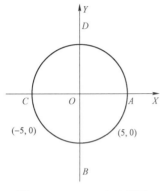

图 6-23　G02、G03 图示

例：如图 6-23 所示的 G02、G03 代码格式为：

G02 X5.0 Y0 I-5.0 J0；A→A，顺时针加工

G02 X0 Y5.0 I-5.0 J0；A→D，顺时针加工

G02 X0 Y-5.0 I-5.0 J0；A→B，顺时针加工

G02 X5.0 Y0 I0 J5.0；B→A，顺时针加工

G03 X5.0 Y0 I0 J5.0；B→A，逆时针加工

（4）G04 代码可以把下一个动作延迟一段时间。

输入格式为：

　　　　G04　X____

例如，3 s 间歇的 G04 代码格式为：

G04 X3.5

2. T 代码

（1）T82 表示加工液保持"ON"，指禁止加工液排液；T83 表示加工液保持"OFF"，指进行加工液排液。

（2）T84 表示开泵"ON"，指执行向加工槽送液；T85 表示开泵"OFF"，指停止向加工槽送液。

（3）T86 表示喷射"ON"，指执行喷射；T87 表示喷射"OFF"，指停止喷射。

3. M 代码

（1）M02：表示主程序结束，M02 代码以后写入的程序不执行。

（2）M00：表示程序被暂时停止，按下启动按钮后程序被继续执行。

（3）M98：调用子程序。

（4）M99：子程序结束，程序返回到主程序，执行主程序。

四、加工

1. 加工注意事项

断入的螺钉的加工比较简单，在指定教师的帮助下，安装调试好电极，并运用上述所讲知识将电极移到孔的上方，运用 G01 指令，直线插补加工到规定孔的深度即可。

2. 机床的关机

关机的方式一般有两种：一种是硬关机，另一种是软关机。硬关机就是直接切断电源，使机床的所有活动都立即停止，这种方法适用于遇到紧急情况或危险时紧急停机，在正常情况下一般不采用。具体操作方法是按下急停按钮，再按下"OFF"键。软关机则是正常情况下的一种关机方法，它是通过系统程序实现的关机。具体操作方法是在操作面板上进入关机窗口，按照提示输入"YES"或"Y"确认后，系统即可自动关机。

项 目 七

电火花加工校徽图案型腔

》 项目提出

在现实生活中，很多单位都发行纪念章，很多学校都有校徽，这些纪念章和校徽都会是一些有纪念意义的图案，有的形状还比较复杂，它们都是通过一定的模具制造生产的，这些模具的型腔有一些共同的特点：材料较硬，图案清晰，形状较复杂。那这些模具又是如何加工生产的呢？

》 项目分析

采用普通机械加工很难完成较复杂的图案加工，通常都采用电火花加工，本项目通过介绍电火花加工校徽图案型腔过程中电极和工件材料的选择与装夹等，让加工人员能够了解电火花加工图案的方法，并通过拓展案例使其能更深入地了解电火花的应用。

》 项目实施

1. 校徽图案形状及材料选择

某校徽图案如图 7-1 所示，通常工件材料选用综合性能较好、硬度较高的硬质合金钢，本项目选用 45 钢。

2. 电火花加工条件的选用

在电火花加工过程中，脉冲电源的极性、脉宽、脉间、电流峰值、电极的放电面积、加工深度、电极缩放量等参数与加工速度、加工精度、电极损耗率等加工效果有着密切的关系。机床制造企业研制含有工艺知识库的自动加工系统，使操作者可以很容易地决定出适合不同加工要求的最优加工条件，以降低操作者对电火花加工参数的选择难度。

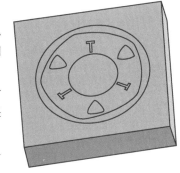

图 7-1 某校徽图案

校徽图案型腔表面要求很好的表面粗糙度，图案清晰，一般加工该型腔的电火花机床选用参见表 7-1。选择的加工条件如下。

（1）确定第一个加工条件。根据电极要加工部分在工作面的投影面积的大小选择第一个加工条件。经测量，加工校徽图案电极在工作台面的投影面积约为 2.6 cm²。因此第一个加工条件选择 C110。选用该条件加工时，型腔底部的表面粗糙度为 Ra7.9 μm。

（2）由表面粗糙度要求确定最终加工条件。要保证注塑出来的校徽图案清晰，图案型腔的表面粗糙度至少要求 $Ra \leq 2.0$ μm。当选用加工条件 C105 时，型腔的侧面表面粗糙度为 $Ra1.5$ μm，底面表面粗糙度为 $Ra1.9$ μm。

（3）中间条件全选，即加工过程为 C110→C109→C108→C107→C106→C105。

表 7-1　铜打钢-最小损耗型参数

条件号	面积/cm²	安全间隙/mm	放电间隙/mm	加工速度/(mm³·min⁻¹)	损耗/%	侧面Ra/μm	底面Ra/μm	极性	电容	高压管	管数	脉冲间隙	脉冲宽度	模式	损耗基准	伺服速度	伺服基准	损耗类型	脉冲间隙	伺服基准
100		0	0.005					−	0	0	3	2	2	8	0	85	8			
101		0.04	0.025			0.56	0.7	+	0	0	2	6	9	8	0	80	8			
103		0.06	0.045			0.8	1.0	+	0	0	3	7	11	8	0	80	8			
104		0.08	0.05			1.2	1.5	+	0	0	4	8	12	8	0	80	8			
105		0.11	0.065			1.5	1.9	+	0	0	5	9	13	8	0	75	8			
106		0.12	0.07	1.2		2.0	2.6	+	0	0	6	10	14	8	0	75	10	0	6	35
107		0.19	0.15	3.0		3.04	3.8	+	0	0	7	12	16	8	0	75	10	0	6	55
108	1	0.28	0.19	10	0.10	3.92	5.0	+	0	0	8	13	17	8	0	75	10	0	6	55
109	2	0.4	0.25	15	0.05	5.44	6.8	+	0	0	9	14	18	8	0	75	12	0	6	52
110	3	0.58	0.32	22	0.05	6.32	7.9	+	0	0	10	15	19	8	0	70	12	0	6	52
111	4	0.7	0.37	43	0.05	6.8	8.5	+	0	0	11	16	20	8	0	70	12	0	6	48
112	6	0.83	0.47	70	0.05	9.68	12.1	+	0	0	12	16	21	8	0	65	15	0	6	48
113	8	1.22	0.60	90	0.05	11.2	14.0	+	0	0	13	16	24	8	0	65	15	0	10	50
114	12	1.55	0.83	110	0.05	12.4	15.5	+	0	0	14	17	25	8	0	58	15	0	12	50
115	20	1.65	0.89	205	0.05	13.4	16.7	+	0	0	15	17	26	8	0	58	15	0	13	50

注：① 高压管数。高压管数为 0 时，两极间的空载电压为 100 V，否则为 300 V；管数为 0~3 时，每个功率管的电流为 0.5 A。高压管数的选择一般在小面积加工时对加工不动或精加工时加工不易打均匀的情况下选用。

② 电容。即在两极间回路上增加一个电容，用于非常小的表面或表面粗糙度要求很高的加工，以增大加工回路间的间隙电压。

③ 极性。放电加工时电极的极性有正极性和负极性两种。当电极为正时为正极性，电极为负时为负极性。成形机一般采用正极性加工，只有在窄脉宽加工时才采用负极性加工。还有当电极工件倒置时也采用负极性加工。正常情况下如果极性接反，会增大损耗，所以对要求洗电极的地方，要采用负极性加工。

④ 伺服速度。即伺服反应的灵敏度，所谓灵敏度指加工时出现不良放电时的抬刀快慢，其值为 0~20，其值越大灵敏度越高。

⑤ 模式。它由两位十进制数字构成。00——关闭（OFF），用于排屑状态特别好的情况；04——用在深孔加工或排屑状态特别困难的情况下；08——用在排屑状态良好的情况下；16——抬刀自适应，当放电状态不好时，自动减小两次抬刀之间的放电时间，这时，抬刀高度（UP）一定要不为零；32——电流自适应控制。例如：用 5° 的锥形电极加工 20 mm 孔时，模式可以设为：32+4+16=52。

⑥ 放电间隙。加工条件的火花间隙，为双边值。

⑦ 安全间隙。加工条件的安全间隙，为双边值。一般来说，安全间隙值 M 包含三部分：放电间隙、粗加工侧向表面粗糙度、安全余量（主要考虑温度影响、表面粗糙度测量误差）。

另外需要注意的是，如果工件加工后需要抛光，那么在水平尺寸的确定过程中需要考虑抛光余量等再加工余量。在一般情况下，加工钢时，抛光余量为精加工粗糙度 R_{max} 的 3 倍；加工硬质合金钢时，抛光余量为精加工粗糙度 R_{max} 的 5 倍。

⑧ 底面 Ra。加工条件的底面粗糙度。

⑨ 侧面 Ra。加工条件的侧面粗糙度。

3. 电火花加工工艺的选择

电火花加工中，如何合理地制定电火花加工工艺呢？如何用最快的速度，加工出具有最佳质量的产品呢？主要的方法有以下几种。

（1）粗、中、精逐挡过渡式加工方法。粗加工用以蚀除大部分加工余量，使型腔按预留量接近尺寸要求；中加工用以提高工件表面粗糙度等级，并使型腔基本达到要求，一般加工量不大；精加工主要保证最后加工出的工件达到图纸要求的尺寸与表面粗糙度。

（2）先用机械加工去除大量的材料，再用电火花加工保证加工精度和加工质量。电火花加工的材料去除率还不能与机械加工相比，因此，在电火花加工工件型腔时，有必要先用机械加工方法去除大部分加工量，使各部分余量均匀，从而大幅度提高工件的加工效率。

（3）采用多电极。在加工中及时更换电极，当电极绝对损耗量达到一定程度时，及时更换，以保证良好的加工质量。

4. 工件的准备

本项目加工之前应将工件去除毛刺，除磁去锈。而对工件的装夹无严格要求，只需要通过目测使工件与坐标轴大致平行即可，无须专门校正工件。工件装夹在电火花加工用的专用永磁吸盘上，永磁吸盘如图 7-2 所示，工件装夹方式如图 7-3 所示。

图 7-2 永磁吸盘

图 7-3 工件装夹方式

在使用永磁吸盘时，首先将工件摆放到吸盘工作台面上，然后将内六角扳手插入轴孔内沿顺时针方向转动 180° 到 "ON"，即可吸住工件进行加工。工件加工完毕后，再将扳手插入轴孔内沿逆时针转动 180° 到 "OFF" 即可取下工件。在吸盘使用前应擦干净表面，以免划伤而影响精度，用完后工作面涂防锈油，以防锈蚀，使用时严禁敲击，以防磁力降低。

5. 电极的准备

（1）电极材料的选择。在选用电极材料时，通常需要考虑的因素有电极的放电加工性能、电极是否容易加工成形、电极材料的成本、电极的质量。不同的电极材料对电火花加工产品的质量有较大的影响。因为校徽图案型腔表面必须光滑，因此本项目选择紫铜作为电极，确保加工质量。

（2）电极的设计。在本项目中，电极材料选用紫铜，电极的结构设计要考虑电极的装夹与校正。电极的结构如图 7-4 所示。

（3）电极的装夹与校正。将电极装夹在电极夹头上，利用直角尺用目测法校正电极。

（4）电极的定位。本项目的目的是练习在毛坯中心加工校徽型腔，定位不需十分精确，可以通过目测定位。具体实施过程为：在工件上划十字

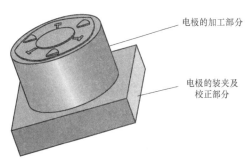

电极的加工部分

电极的装夹及校正部分

图 7-4 电极的结构

线，确定电极的中心位置。将电极抬高到一定的高度，粗定位到工件要加工部位的上方，然后降低电极高度，至工件上方 1～2 mm 处，再通过目测将电极的中心移到工件十字线上方。

6. 工件坐标系的设定、工件的移动

（1）工件坐标系的设定。工件坐标系的设定就是设定当前加工所处的坐标系以及坐标系的具体坐标值。首先选择坐标系（见图 7-5），从 1～6 按钮中选择坐标系。然后在选择好的坐标系中设定坐标值，如图 7-6 所示，横方向按钮用来指定坐标系，纵方向按钮是指定轴数值的输入按钮，用于输入数值。当输入发生错误时，可按"取消"按钮加以取消。

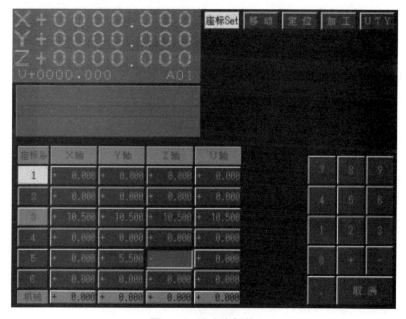

图 7-5　选择坐标系

图 7-6　设定坐标值

（2）一般机床都采用 JOG 键进行移动，而这里的移动是根据输入的数据来精确地移动到目标位置。机床移动如图 7-7 所示。

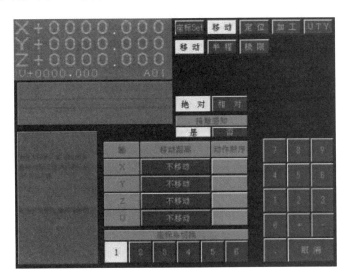

图 7-7 机床移动

7. 电极的定位

电极定位是加工准备中的最重要步骤，定位方法有很多种，根据本项目的特点，主要介绍端面定位和柱中心定位方法。

（1）端面定位是指使电极从任意方向与工件相接触，由此测出端面位置的定位方法。在定位子模块选择中按下"端面"按钮，则屏幕显示端面定位界面如图 7-8 所示。在此界面下从"X""Y""Z""U"按钮中选择端面定位轴。"＋""－"按钮用于指定端面定位时轴移动的方向，"＋"表示正方向，"－"表示负方向。如果需要更详细的设定，按下"详细"按钮，则界面进入端面定位详细画面。

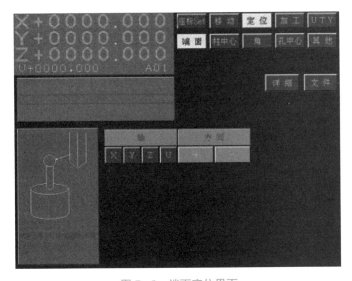

图 7-8 端面定位界面

（2）柱中心定位是指先测量出工件或基准球前后左右的宽度，以此为基准测出工件或基准球中心位置的定位方法。在定位子模式中按"柱中心"按钮，则屏幕显示柱中心定位界面，如图 7-9 所示。在此界面中主要有下列输入项目：快进量 X、快进量 Y、快进量 Z，具体含义如图 7-10 所示。在柱中心定位界面的下方有"详细"按钮，按下后则显示柱中心定位画面，可以详细设置测定次数、测定值许可误差、Z 轴接触感知动作、接触感知后的反转值等。

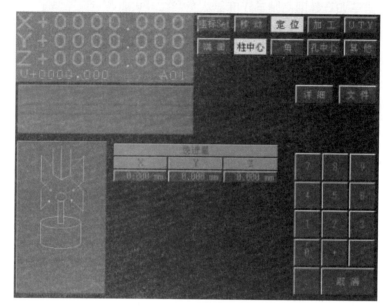

图 7-9　柱中心定位界面

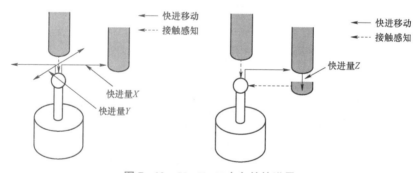

图 7-10　X、Y、Z 方向的快进量

8. 机床操作加工

电火花机床加工前，先要将工作液加入机床，液面至少高于工件加工表面 50 mm 以上。在加工过程中，需按照指导教师要求规范操作机床，特别是当 C110 条件加工完成后，暂停加工，观察电极表面是否较粗糙，如果特别粗糙，则可以用砂纸打磨表面后继续加工。

▶ 项目总结

通过电火花加工校徽图案型腔的学习，操作者需要掌握电极材料的选用与装夹、工件材料的选择与装夹等准备工作，了解电火花加工校徽图案型腔的过程。

≫ 拓展案例

一、任务布置

贴壁橡胶压型模如图 7-11 所示，材料为 T8 工具钢。该工件的尺寸如图 7-12 所示。

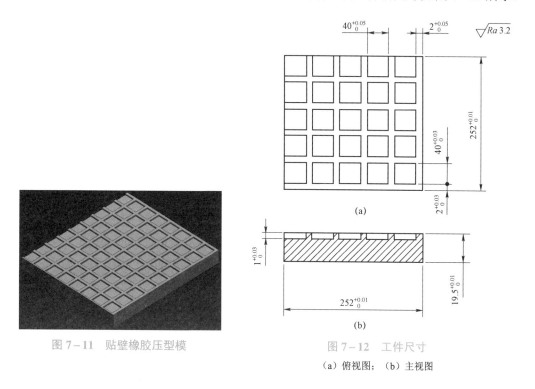

图 7-11　贴壁橡胶压型模

图 7-12　工件尺寸

（a）俯视图；（b）主视图

二、任务分析

对于贴壁橡胶压型模的侧壁修光，虽然型腔简单，但若采用单工具电极直接成型，则加工的工件表面粗糙度差，尺寸精度不易控制；若采用手动平动加工，则较麻烦，工作量大。采用数控电火花加工机床，可利用工作台按一定轨迹做微量移动来修光型腔侧面，即靠工作台使工件（或模具）轨迹向外逐步扩张运动，配合主轴头的运动和加工规准（专家系统）的变换来达到模具型腔的粗、中、精加工成形的目的。

三、任务实施

1. 工件在电火花加工之前的毛坯制作

（1）坯件的制作。选用一块材料为 T8 工具钢的毛坯，尺寸为 252.5 mm×252.5 mm×20.0 mm，经热处理淬火后硬度为 40～50HRC，然后打磨工件的上、下表面至 $19.5_0^{+0.01}$ mm，再磨工件的四个侧面至符合尺寸要求。

（2）电极的制造。电极材料通常有紫铜、石墨和铜钨合金。几种常用电极材料的优缺点如表 7-1 所示，以供参考。

表7-1　几种常用电极材料的优缺点

紫铜	优点	1. 塑性好，可机械加工成形、锻造成形、电铸成形； 2. 质地细密，加工稳定性好，相对电极损耗小； 3. 物理性能稳定，不易产生电弧； 4. 组织结构致密，加工表面粗糙度小； 5. 适用于中小型复杂形状、加工精度要求高的模具型腔
	缺点	1. 本身熔点低（1 083 ℃），不易承受较大电流密度； 2. 电极表面长时间流通大电流（超过30 A），容易产生龟裂
石墨	优点	1. 难熔材料（熔点为3 700 ℃），抗热冲击性好，耐腐蚀； 2. 机械强度高，热膨胀系数小，大电流加工电极损耗小； 3. 质量轻，变形小，容易制造； 4. 用于大型、中型模具型腔的加工，加工速度高
	缺点	1. 精加工时电极损耗较大； 2. 加工光洁程度低于紫铜电极，容易脱落、掉渣、易拉弧烧伤
铜钨合金	优点	1. 含钨量高，加工中电极损耗小； 2. 加工稳定，适用于特殊异形孔、槽的加工； 3. 机械加工成形也较容易
	缺点	1. 价格昂贵

在该零件的电极加工中，可选用紫铜，因 40 mm×40 mm 的坯料面积较大，必须加工直径为 1 mm 的排气孔，紫铜电极厚度为 12 mm，电极的外形尺寸确定方法见表7-2。

表7-2　电极的外形尺寸确定方法

	平动量尺寸的确定
影响因素	1. 取决于被加工表面由粗变精的修光量，即粗加工选用的加工规准； 2. 具体的加工对象，型腔的形状、尺寸、深度等； 3. 工具电极的损耗量； 4. 平动头的原始偏心量及主轴进给运动精度等
平动量确定示意图与计算公式	1. 动量确定示意图如下。 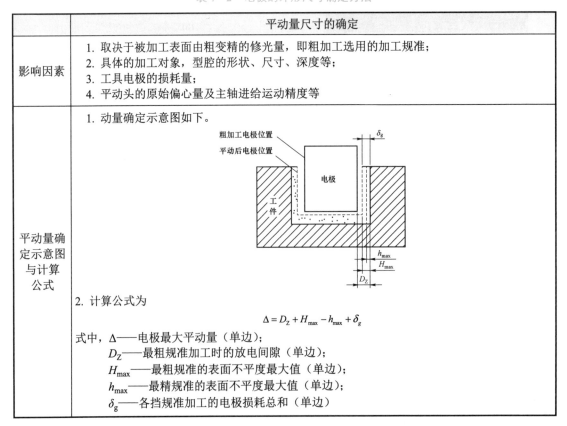 2. 计算公式为 $$\Delta = D_Z + H_{max} - h_{max} + \delta_g$$ 式中，Δ——电极最大平动量（单边）； 　　　D_Z——最粗规准加工时的放电间隙（单边）； 　　　H_{max}——最粗规准的表面不平度最大值（单边）； 　　　h_{max}——最精规准的表面不平度最大值（单边）； 　　　δ_g——各挡规准加工的电极损耗总和（单边）

2. 贴壁橡胶压型模加工

（1）贴壁橡胶压型模粗加工。先采用粗加工电极，将该工件直接成形，完成粗加工后，再通过侧壁修光完成精加工。

（2）侧壁修光的路线。对于贴壁橡胶型模，在完成粗加工后，采用中加工规准先将底面修出后，将工作台以 X 坐标方向向右移动 d，修光型腔左侧壁，如图 7-13（a）所示；然后，依次使电极相对工作台沿 Y 坐标前进方向移动 d，修光型腔后壁，如图 7-13（b）所示；接着，沿 X 坐标方向左移 $2d$，修光型腔右壁，如图 7-13（c）所示；再沿 Y 坐标后退方向移动 $2d$，修光型腔前壁，如图 7-13（d）所示；最后右移修去缺角，如图 7-13（e）所示。完成这样一个周期，随着加工规准的不断切换，逐渐增大 D 值，使型腔最后达到完全修光的目的。

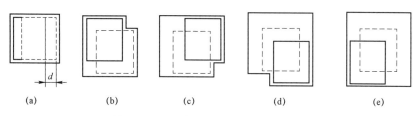

(a)　　　　(b)　　　　(c)　　　　(d)　　　　(e)

图 7-13　手动侧壁修光成型工艺示意

侧壁修光时的注意事项如下。

① 各方向侧壁的修整必须依次进行，不可先将一个侧壁完全修光后，再退回较粗的加工规准修另一个侧壁，以免二次放电将已修好的侧壁损伤。

② 每次修完四个方向侧壁后，必然剩下一个小角未被修好，因此必须在修光 Y 轴上的最后一个侧壁后，将 X 轴坐标移至修第一个侧壁时的位置，将剩下的小角修出。

③ 此种方法操作烦琐，每次坐标移动量不宜过大，以刚好将上一规准粗糙面修光为佳。

从上述操作可以看出，侧壁修光的轨迹较烦琐，若采用数控摇动加工，通过简单的编程可以很容易实现以上的修光。

（3）数控摇动加工。数控摇动一般分为水平摇动和多方向摇动，而本任务只需进行水平摇动。

水平摇动加工是指机床工作台 X、Y 两轴联动加工，其特点是摇动加工轨迹由 X 和 Y 坐标轴联动而构成，它利用数控系统对 X 和 Y 坐标实行插补控制，组成若干种摇动轨迹存于数控系统，可以根据需要调用，也可通过简单的编程手段组合成直线与圆弧构成的非规则摇动轨迹。

水平摇动方式共有三种，如图 7-14 所示。

① 自由摇动：选定某一轴向（如 Z 轴）作为伺服进给轴，其他两轴进行摇动加工，如图 7-14（a）所示。

自由摇动指令格式举例如下：

G01 LN001 STEP30 Z-10

其中，G01 表示沿 Z 轴方向进行伺服进给，LN001 表示在 XY 平面内自由摇动，X、Y 方向工具电极中心（各点）做圆轨迹摇动，SETP30 表示摇动半径为 30 μm，Z-10 表示伺服进给至 Z 轴向下 10 mm 为止。当极间短路时摇动暂停，待主轴向上伺服回退到间隙电压恢复时摇动再开始。同时沿 Z 轴向下伺服进给，直至达到规定的加工深度。实际上，在某一放电点的轨

迹沿 Z 轴方向可能出现不规则的进进退退。但由于摇动减少了同时加工的面积，改善了排屑，使加工得以稳定，较快地修光侧壁，此自由摇动方式适用于盲孔、盲腔的加工。表 7-3 所示为电火花数控摇动加工类型。

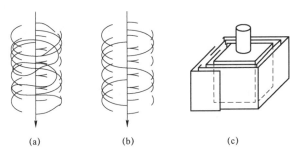

图 7-14　水平数控摇动伺服方式

（a）自由摇动；（b）步进摇动；（c）锁定摇动

表 7-3　电火花数控摇动加工类型

类型	所在平面 摇动轨迹	无摇动	⊙	⌐	◇	✕	＋
自由摇动	XY 平面	000	001	002	003	004	005
	XZ 平面	010	011	012	013	014	015
	YZ 平面	020	021	022	023	024	025
步进摇动	XY 平面	100	101	102	103	104	105
	XZ 平面	110	111	112	113	114	115
	YZ 平面	120	121	122	123	124	125
锁定摇动	XY 平面	200	201	202	203	204	205
	XZ 平面	210	211	212	213	214	215
	YZ 平面	220	221	222	223	224	225

② 步进摇动：在某选定的轴向做步进伺服进给，每进一步的步距为 2 μm，其他两轴做摇动运动。

步进摇动指令格式举例如下：

```
G01 LN001 STEP20 Z-10
```

该指令表示 Z 轴步进伺服进给，X、Y 进行圆轨迹步进摇动，摇动半径为 20 μm，共向下进给 10 mm。步进摇动限制了主轴的进给动作，使摇动动作的循环成为优先动作，在摇动运动通过一个象限时，主轴的最大进给不能超过 10 μm，但是在回退方向上不限。当极间短路时，摇动暂停；待主轴回退、间隙电压恢复时，摇动再开始。步进摇动方式用于深孔排屑比较困难的加工，它比自由摇动方式的加工速度稍慢，但更稳定，没有频繁的进给、回退现象。

③ 锁定摇动：是在选定的轴向停止进给运动并锁定轴向位置，在其他两轴进行摇动运动，

是摇动半径幅度逐步扩大的一种"镗"加工方式，用于精密修扩内孔或内腔。

锁定摇动指令格式举例如下：

G01 LN202 STEP20 Z-5

该指令表示 Z 轴向下加工至 5 mm 处停止进给并锁定，X、Y 所示方向进行摇动运动，摇动为方形，摇动半径为 20 μm。锁定摇动方式能迅速除去粗加工留下的侧面波纹，是达到尺寸精度最快的加工方法，它主要用于通孔、盲孔或有底面的型腔模加工中。如果锁定后做圆轨迹摇动，则还能在孔内滚花，加工出内螺纹和内花纹等。

多方向摇动加工是指采用数控系统，对电火花机床的 X、Y、Z 或 U 轴实行联动加工。多方向摇动加工通过数控系统组合形成圆形、方锥、放射锥等各种立体几何图形，具有向心回退的伺服动能，因此其可以加工出任何复杂模具型腔，同时能达到较高的精度和质量。例如，X、Y、Z 和 U 任意的轴组合，可以加工斜孔、斜缝、螺纹、内斜齿或对平面、圆孔进行电火花成形磨削等。另外，还可应用成形棒状电极加工出具有一定几何形状的型腔模，只需要编写简单的程序即可实现模具的电火花加工。

图 7-15 所示为电火花三轴数控摇动加工立体示意图。图 7-15（a）所示为摇动加工修光六角形的侧壁和底面；图 7-15（b）所示为摇动加工修光半圆球柱的侧壁和底面；图 7-15（c）所示为摇动加工修光半圆球柱的侧壁和球头底面；图 7-15（d）所示为摇动加工修光四方孔壁和底面；图 7-15（e）所示为摇动加工修光圆孔孔壁和孔底；图 7-15（f）所示为摇动加工三维放射进给对四方孔底面修光并清角；图 7-15（g）所示为摇动加工三维放射进给修清圆孔底面、底边；图 7-15（h）所示为圆柱形工具电极摇动创成（展成）加工出任意角度的内圆锥面。

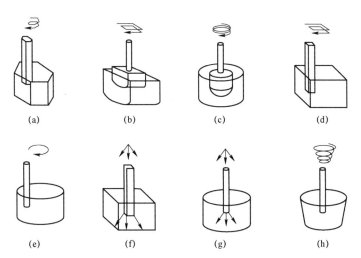

图 7-15 电火花三轴数控摇动加工立体示意

（a）六角形侧壁和底面； （b），（c）半圆球柱侧壁和球； （d）四方孔壁和底面； （e）圆孔孔壁和孔底；

（f）四方孔底面修光并清角； （g）清圆孔底面、底边； （h）任意角度的内圆锥面

锁定摇动加工方法主要用于通孔、盲孔或有底面的型腔模加工中，对于本任务的贴壁橡胶压型模的精加工，可以采用锁定摇动方式，其加工中电规准的设定可参照任务一电规准的设定方法。

（4）加工规准。本例中侧壁修光加工电规准如表7-4所示。

表7-4　侧壁修光加工电规准

步骤	1	2	3	4	5	6
电流/A	3	5	10	12	10	3
深度/mm	0.1	0.3	0.6	0.8	0.9	1

（5）加工程序如下。

G01 LN202 STEP20 Z-1

该指令表示沿 Z 轴向下移动加工到 1 mm，停止进给并锁定，X、Y 轴方向进行摇动，轨迹为方形，摇动半径为 20 μm。

（6）加工要点如下。

① 本任务的加工面积较大（252 mm×252 mm＝63 504 mm²）、加工深度又浅，在规准转换时应将间隙差值计算在加工深度尺寸中，否则会导致没有精加工修光量。

② 精加工时一定要定时抬刀，必要时要用毛刷清除加工屑积存物（包括积炭）。

③ 为保证形状的清角，采用手动侧壁修光，其坐标移动量要合理分配，一般情况为2～3次移动坐标进行加工，同时选择2～3种加工规准参数，在坐标工作台上放置两块百分表，分别控制 X、Y 轴坐标的尺寸，尤其注意原始坐标的位置，避免出错。

四、检测评价

评分标准如表7-5所示。

表7-5　评分标准

班级			姓名		工时	300 min
序号	内容及要求		评分标准	配分	自测结果	老师测量	得分

序号	内容及要求		评分标准	配分	自测结果	老师测量	得分
1	$40^{+0.03}_{0}$ mm（两处）	IT	超差 0.01 mm 扣 1 分	20			
		$Ra3.2$ μm	降级不得分	5			
2	$2^{+0.03}_{0}$ mm（两处）	IT	超差 0.01 mm 扣 1 分	20			
		$Ra3.2$ μm	降级不得分	5			
3	$1^{+0.03}_{0}$ mm	IT	超差 0.01 mm 扣 1 分	15			
		$Ra3.2$ μm	降级不得分	5			
4	程序编制		酌情扣分	15			
5	零件整个轮廓全部完成		未完成轮廓加工不得分	10			
6	文明生产、工艺		酌情扣分	5			

电火花加工孔形型腔

>> 项目提出

在模具加工中，孔形型腔非常常见，加工特点也很明显，如材料较硬、尺寸精度要求较高、表面粗糙度值小、位置精度高等，相对而言，有一定的加工难度。那么孔形模具又是如何加工生产的呢?

>> 项目分析

本项目介绍了电火花加工孔形型腔的方法，如电极的准备、工件的准备、工件的加工等。此方法能使被加工的孔形型腔达到图纸上的技术要求。接着，本项目再通过拓展案例介绍了电火花加工较复杂孔形型腔的方法。

>> 项目实施

1. 加工图样

孔形型腔尺寸如图8-1所示，工件材料为综合性能较好、硬度较高的硬质合金钢。工件需去除毛刺和锈迹。

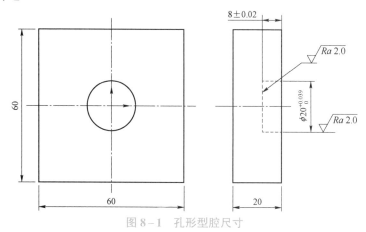

图 8-1 孔形型腔尺寸

2. 工件的装夹与校正

工件装夹在电火花加工用的专用永磁吸盘上。在工件装夹过程中，要根据加工要求对工件进行校正。校正工件如图8-2所示，大多数是采用磁力表座加百分表来校正。用磁力表座将百分表固定在机床主轴或其他位置上，再将工件放在机床工作台上，通过目测使工件大致

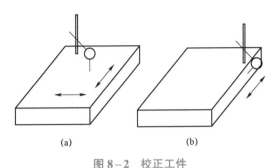

图 8-2 校正工件

（a）校正工件与工作台平行；（b）校正工件与 *Y* 轴平行

与机床的坐标轴平行。在校正工件的上表面与机床的工作台平行度时，百分表的测头与工件上表面接触，依次沿 *X* 轴与 *Y* 轴往复移动工作台，按百分表指示值调整工件，必要时在工件的底部与工作台之间塞铜片，直至百分表指针的偏摆范围达到所要求的数值。同样在校正工件的定位基准与机床 *Y* 轴（或 *X* 轴）平行度时，百分表的测头与工件侧面接触，沿 *Y* 轴往复移动工作台，按百分表指示值调整工件。具体的校正过程为：将表架摆放到能比较方便校正工件的位置，手动控制移动到相应的轴，使百分表的测头与工件的基准面充分接触，然后移动机床相应的坐标轴，观察百分表的刻度指针，若指针变化幅度较小，则说明工件与该坐标轴比较平行，这时用铜棒轻轻敲击，再移动相应的坐标轴；若指针摆动的幅度越来越小，则敲击的力度要越来越小，要有耐心，直到工件的基准面与坐标轴的平行度达到要求为止。

3. 设计、制造电极

（1）电极的设计。在电极设计中，首先是详细分析产品图纸，确定电火花加工位置；第二是根据现有设备、材料、拟采用的加工工艺等具体情况确定电极的结构形式；第三是根据不同的电极损耗、放电间隙等工艺要求对照型腔尺寸进行缩放，同时要考虑工具电极各部位投入放电加工的先后顺序不同，工具电极上各点的总加工时间和损耗不同，同一电极上端角、边和面上的损耗值不同等因素来适当补偿电极。

（2）电极材料。本项目中电极材料为紫铜。

（3）电极的结构设计。电极的结构设计要考虑到电极的装夹与校正，本项目中选用紫铜材料作电极，电极结构如图 8-3 所示，1 部为直接加工部分，同时用来校正电极；2 部是装夹部分，该部分结构应该根据电极装夹的夹具形式确定。

（4）电极尺寸。电极尺寸如图 8-4 所示。垂直方向上的尺寸一般为在加工型腔深度的基础上增加 10～20 mm，水平方向的尺寸则根据加工条件或者根据经验值确定，电极横截面尺寸一般为加工孔的尺寸减去安全间隙。

图 8-3 电极结构

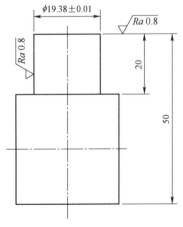

图 8-4 电极尺寸

4. 电极的装夹与校正

将电极装夹在电极夹头上，用目测法大致校正电极，然后分别调整电极旋转角度和电极的左右、前后方向。在调整电极的过程中，当百分表的测头与电极接触时，机床通常会提示接触感知，这时机床不能动作，必须解除接触感知才可以继续移动机床。因此，在校正时需要按住操作面板的"忽略接触感知"按钮或使用绝缘的百分表。

5. 电极的定位

本项目的电极定位要求十分精确，而且加工孔形型腔时，电火花加工通常要用机床的自动找孔中心功能实现工件中心定位。

电极定位时，首先通过目测将电极移到工件的中心正上方约 5 mm 处，将机床的工作坐标清零，然后通过手动控制将电极移到工件的左下方。电极移到工件左下方的具体数值可参考在 XY 平面上，电极距离工件的侧边距离为 10～15 mm；在 XZ 平面上，电极低于工件上表面 5～10 mm。记下此时机床屏幕上的工件坐标，取整数分别输入到机床的外中心屏幕上的 X 向行程、Y 向行程、下移距离中，然后将电极移到工件坐标系的零点，即最开始目测时工件中心上方约 5 mm 的地方。最后，按照机床的相应说明操作机床，电极分别在 $X+$、$X-$、$Y+$、$Y-$ 四个方向对电极进行感知（电极定位操作界面如图 8−5 所示），输入相应的移动量，并最终将电极定位于工件的中心。同理，电极通过"G80 Z−"可以实现电板在 Z 方向的定位，电极定位如图 8−6 所示。

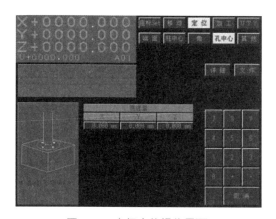

图 8−5　电极定位操作界面

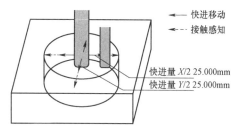

图 8−6　电极定位

6. 生成 ISO 代码

（1）当电极直径为 19.39 mm 时，代码程序如下：

停止位置 = 1.000 mm

加工轴向 = Z−

材料组合 = 铜 − 钢

工艺选择 = 标准值

加工深度 = 8.000 mm

尺寸差 = 0.610 mm

粗糙度 = 2.000 μm　方式 = 打开　型腔数 = 0

投影面积 = 3.14 cm^2　自由圆形平动　平动半径 = 0.305 mm

T84;	加工液泵打开
G90;	绝对坐标系
G30 Z+;	设定抬刀方向
H970＝8.000;	加工深度值，便于编程计算
H980＝1.0000;	机床加工后停止高度
G00 Z0+H980;	机床由安全高度快速下降定位到 Z1 的位置
M98 P0131;	调用子程序 N0131
M98 P0130;	调用子程序 N0130
M98 P0129;	调用子程序 N0129
M98 P0128;	调用子程序 N0128
M98 P0127;	调用子程序 N0127
M98 P0126;	调用子程序 N0126
M98 P0125;	调用子程序 N0125
T85 M02;	关闭加工液泵，程序结束
N0131;	
G00 Z+0.5;	快速定位到工件表面 0.5 mm 的地方
C131 OBT001 STEP0000;	采用 C131 条件加工，平动量为 0
G01 Z+0.305－H970;	加工到深度为−8+0.305＝−7.69（mm）的位置
M05 G00 Z0+H980;	忽略接触感知，电极快速抬刀到工件表面 1 mm 的位置
M99;	子程序结束，返回主程序
N0130;	
G00 Z+0.5;	快速定位到工件表面 0.5 mm 的地方
C130 OBT001 STEP0121;	采用 C130 条件加工，平动量为 121 μm
G01 Z+0.230－H970;	加工到深度为−8+0.23＝−7.77（mm）的位置
M05 G00 Z0+H980;	忽略接触感知，电极快速抬刀到工件表面 1 mm 的位置
M99;	子程序结束，返回主程序
N0129;	
G00 Z+0.5;	快速定位到工件表面 0.5 mm 的地方
C129 OBT001 STEP0153;	采用 C129 条件加工，平动量为 153 μm
G01 Z+0.190－H970;	加工到深度为−8+0.19＝−7.81（mm）的位置
M05 G00 Z0+H980;	忽略接触感知，电极快速抬刀到工件表面 1 mm 的位置
M99;	
N0128;	
G00 Z+0.5;	快速定位到工件表面 0.5 mm 的地方
C128 OBT001 STEP0193;	采用 C128 条件加工，平动量为 193 μm
G01 Z+0.140－8970;	加工到深度为−8+0.14＝−7.86（mm）的位置
M05 G00 Z0+H980;	
M99;	
N0127;	

G00 Z+0.5；

C127 OBT001 STEP0217；　　　采用 C127 条件加工，平动量为 217 μm

G01 Z+0.110−H970；　　　　加工到深度为−8+0.11=−7.89（mm）的位置

M05 G00 Z0+H980；

M99；

N0126；

G00 Z+0.5；

C126 OBT001 STEP0249；　　　采用 C126 条件加工，平动量为 249 μm

G01 Z+0.070−H970；　　　　加工到深度为−8+0.07=−7.93（mm）的位置

M05 G00 Z0+H980；

M99；

N0125；

G00 Z+0.5；

C125 OBT001 STEP0278；　　　采用 C125 条件加工，平动量为 278 μm

G01 Z+0.027−H970；　　　　加工到深度为−8+0.027=−7.973（mm）的位置

M05 G00 Z0+H980；

M99；

说明（平动量的计算）：

平动半径 R＝电极尺寸收缩量/2

每个条件的平动量＝$R-M$（首要条件，M 指对应条件底面留量）

＝$R-0.2M$（中间条件）

＝$R-0.25M$（最终条件）

（2）加工实施。启动机床进行加工，在首要条件下去除大余量，加工时间较长。在后续的几个加工条件中，加工余量相对较小，加工时间短，所以都要尽量加工到深度要求。加工过程中要注意及时测量，达不到加工要求的要继续在该条件下加工到要求的尺寸，这样才能保证在最终条件加工时的余量能够尽量小，以提高最后一步精加工的效率。

◈ **项目总结**

◈ **拓展案例**

电火花加工直齿圆柱齿轮精锻模具

一、任务布置

直齿圆柱齿轮精锻模具如图 8-7 所示，材料为 CrWMn，齿形为渐开线，齿形角 $\alpha=20°$，模数 $m=3$，齿数 $z=20$。模具尺寸如图 8-8 所示。

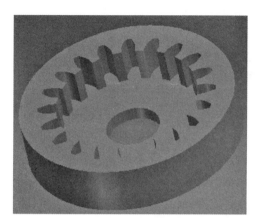

图 8-7　直齿圆柱齿轮精锻模具

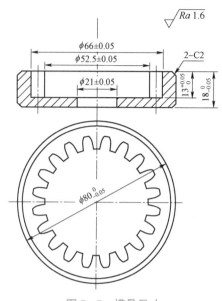

图 8-8　模具尺寸

二、任务分析

该模具精度要求高、形状复杂、材料硬度高，普通设备无法切削加工，通常需要采用电火花加工方法。

根据图纸的技术要求工件在精加工之前必须先进行热处理，再精加工，但淬火后不能用传统的切削加工来进行精加工，只可以选用电火花加工或磨削加工等方法。根据该模具的特点选择电火花加工较为合适且容易实现。

三、任务实施

1. 工件在电火花加工前的毛坯制作

电火花模具成形加工工艺的内容较多，要根据模具成形技术要求的复杂程度、工艺特点、机床类型及脉冲电源的技术规格、性能特点选择不同的加工工艺，因此应结合模具加工实例选择不同的工艺方法。根据零件的形状和技术要求，可选择单电极直接加工成形工艺，该方法主要用于加工深度较浅的型腔。为了提高加工效率，工件在进行电火花加工前需要进行坯件的准备。

（1）坯件的准备。首先，根据图纸要求选择 ϕ85 的 CrWMn 圆钢，车外形和型腔预孔，在工件底面留 0.2 mm 磨削余量，型腔预孔直径留 0.5 mm 余量。接着淬火处理，然后用平面磨床磨出底面。

（2）工具电极的制作。电火花机床通常可选用石墨、黄铜、紫铜作为电极，本例中选用紫铜作为工具电极，先按图纸精车工具电极外形，工具电极如图 8-9 所示；加工齿轮后，再由钳工进行修光，去除刀痕。

2. 装夹校正、固定工具电极和工件

（1）工具电极的装夹。工具电极的装夹与校正是电火花加工中的一个重要环节。工具电极不牢固（即装夹不紧），在加工中松动，或校正误差过大（不准确），常常是造成废品的主要原因。在对工具电极进行水平与垂直校正之后，往往在最后紧固时，使工具电极发生错位、移动，造成加工时出现废品。因此紧固后还要再检查几次，甚至在加工开始之后，还需要停机再检查一下是否装卡牢固、校正无误。

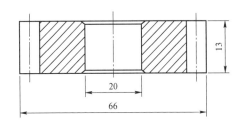

图 8-9 工具电极

由于电极装夹的松动特别是辅助夹具的松动，常常会给加工位置带来尺寸偏差。有时在多次重复加工时，例如，电极的多次重复进给抬刀等，由于电极装卡的微小松动也会造成废品。另外，加工过程中卡具（包括工具电极）发热膨胀以后又冷却收缩，也会使工具电极松动。

对于一些小型单电极，连接柄只有一个螺栓与电极上很小的面积紧固夹紧。

（2）工具电极的校正。工具电极的校正方法方式较多，一般以工作台面 X、Y 水平方向为基准，用百分表、千分表、块规或一级直角尺在电极横、纵（即 X、Z 方向）两个方向做垂直校正和水平校正，保证电极轴线与主轴进给轴线一致，保证电极 X、Y 工艺基准与工作台面 X、Y 基准平行。直角尺测定电极垂直度如图 8-10 所示。

对组合电极等还应注意组合的平行度、椭圆度和侧面斜度等。如果电极外形不规范、无直壁等，就需要辅助基准。一般常用的校正方法如下。

① 按电极固定板基准面校正。在制造工具电极时，电极轴线必须与电极固定板基准面垂直，校正时用百分表保证固定板基准面工作台平行，保证电极与工件对正。图 8-11 所示为用百分百表测定电极垂直度。

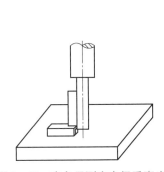

图 8-10 直角尺测定电极垂直度

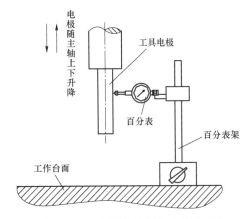

图 8-11 用百分表测定电极垂直度

② 按电极侧面校正。当电极侧面较高直壁面时，可用百分表校正 X、Y 方向的垂直度，按电极固定板基准面校正如图 8-12 所示。

③ 按电极放电痕迹校正。电极端面为平面时，除上述方法外，还可用弱规准在工件平面上放电打印记校正电极，调节到四周均匀地出现放电痕迹（俗称放电打印法）就达到校正的目的了。

④ 利用对中显微镜校正。将电极夹紧后，把对中显微镜放在工作台面上，物镜对准电极，按规定距离从目镜观察固定板上的电极影像，调整校正板架上螺丝，使电极影像与分划板上十字线的竖线重合，即说明电极垂直了。利用对中显微镜校正如图8-13所示。

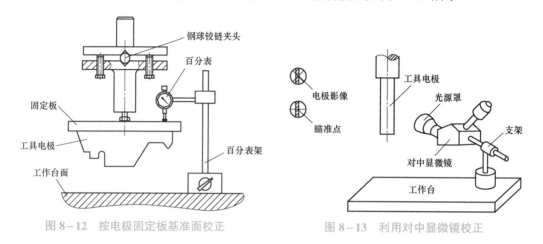

图8-12 按电极固定板基准面校正　　　图8-13 利用对中显微镜校正

⑤ 有角度位置要求的校正。有角度要求的校正最简便的办法是借助旋转卡具（如分度头或主轴可旋转的机床），利用电极上的基准面进行打表校正。

⑥ 有重复精度要求的校正。采用分解电极技术或多电极加工同一型腔时，电极的校正除上述方法外，还要求电极的装夹有一定的重复精度，否则重合不上，将造成废品，如带燕尾槽式夹头和定位销的二类封装夹具，如图8-14所示。

⑦ 按电极端面进行校正。当工具电极侧面不规则，而电极的端面又加工同一平面时，可用块规或等高块，通过"撞刀保护"挡，达到四个等高点尺寸一致时，即可认定电极端与工作台平行。按电极端面用块规校正示意如图8-15所示。

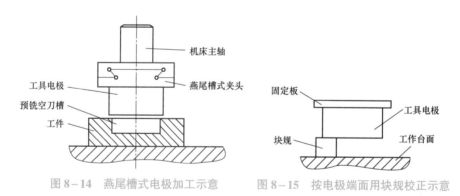

图8-14 燕尾槽式电极加工示意　　　图8-15 按电极端面用块规校正示意

本例中将工具电极装夹到电火花机床的主轴上，并用万能角度尺校正工具电极上的锥面，每相差90°校正一点，共四点，直到其锥角对称为止。

（3）工件的固定与校正。将工件平放在工作台上，利用机床的"撞刀保护"挡，采用复位法找正、对刀，将工具电极对入预加工的锥孔，从而使工件和工具电极对正，固定好工件。

3. 工件的加工

（1）基本操作。基本操作如下。

① 轴位设定键：首先按"DISP 键"，荧幕显示 X、Y、Z 三轴位置画面，然后若要设定各轴位置，方式如下：

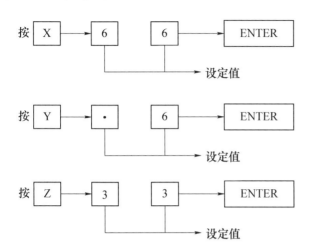

② 轴位 INC 值归零键："Ⓧ"键、"Ⓨ"键、"Ⓩ"键。

按 "Ⓧ" 键→X 轴 INC 值归零；按 "Ⓨ" 键→Y 轴 INC 值归零；按 "Ⓩ" 键→Z 轴 INC 值归零。

③ 中心点位置显示键："$\frac{1}{2}$"键。

使用方法：当寻找工件中心点时，首先按下中心测位开关，然后移动工作台，使电极轻触工件的一端，并按归零键，再移动工作台使电极轻触工件的另一端，此时便按下中心点位置显示键，Z 轴的数值会成为原来的 1/2，此时再移动工作台，当 Z 轴的显示为零时即为所得的中心点。

按 "X" 键→ "1/2" 键→X 轴的数值成为原来的二分之一；按 "Y" 键→ "1/2" 键→Y 轴的数值成为原来的 1/2；按 "Z" 键→ "1/2" 键→Z 轴的数值成为原来的 1/2。

④ 绝对值归零键："ABS-0"键。

按 "X" 键→ "ABS-0" 键→X 轴绝对值归零；按 "Y" 键→ "ABS-0" 键→Y 轴绝对值归零；按 "Z" 键→ "ABS-0" 键→Z 轴绝对值归零。

⑤ 绝对值/增量值显示切换键："ABS/INC"键。

按 "ABS/INC" 键→灯亮，此时显示值为绝对值；按 "ABS/INC" 键→灯灭，此时显示值为增量值。

⑥ 公制/英制单位切换键："INCH/MM"键。

按 "INCH/MM" 键→灯亮，此时显示值为英制单位；按 "INCH/MM" 键→灯灭，此时显示值为公制单位。

（2）面板功能认识。

机床操作面板如图 8-16 所示。

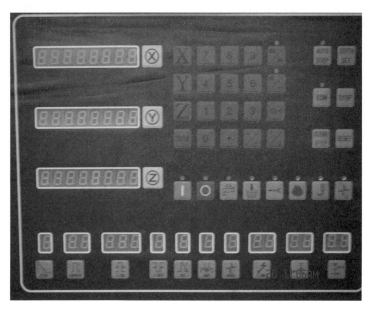

图 8-16 机床操作面板

机床操作按键图标及其名称如表 8-1 所示。

表 8-1 机床操作按键图标及其名称

按键图标	按键名称
DISP	轴位设定键
X Y Z	轴位 INC 值归零键
1/2	中心点位置显示键
ABS-0	绝对值归零键
ABS/INC	绝对值/增量值显示切换键
INCH/MM	公制/英制单位切换键
STEP 9 0	步序选择键
CURRENT	加工电流设定键
T-ON	放电脉波频率设定键
T-OFF	加工效率设定键

续表

按键图标	按键名称
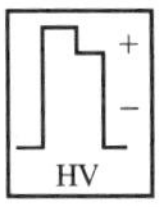 HV（高压重叠，+、−，HV）图标	高压重叠设定键
 GAP图标	电极间隙设定键
 AUTO图标	Z轴自动校模键
 TIME图标	加工时间设定键
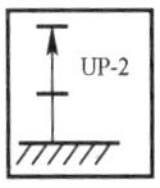 UP-2图标	两段排渣设定键
DEPTH SET	加工深度设定键
AUTO STEP	自动加工设定键
DISP	三轴显示画面
EDM	Z轴加工专用画面切换键
CLEAR STEP	记忆清除键
RESET	复位

（3）基本操作

① 伞形齿轮的电规准。伞形齿轮的电规准如表8-2所示。

表8-2 伞形齿轮的电规准

步数	0	1	2	3	4	5	 STEP
电流/A	1	3	20	5	3	1	 CURRENT
深度/mm	0.10	0.50	10.50	10.70	10.85	11.00	数字键

② 加工电流的设定。操作者只要输入需要的加工电流值，其余所有的工作参数即自动输入。也可以自定义加工参数，以达到更理想的加工效果。

加工电流与工件表面面积成正比：面积越大，电流越大，反之则越小。

例如，面积为 100 mm² 时，电流的设定值约为 5 A。

具体操作步骤为：

按 "⎍′（CURRENT）" 键→ "0 6" 键→ "ENTER" 键。

电流量大小与速度快慢及工件表面粗细关系如表 8-3 所示。

表 8-3 电流量大小与速度快慢及工件表面粗细关系

电流	大	小
速度	快	慢
粗细	粗	细

③ 加工步骤的设定。

首先按 "EDM" 键，荧幕显示 EDM 专用画面。

"STEP" 步序选择键：本机共有 10 个步序（0～9），每个步序都可以存储一组工作参数，存储设定参数的记忆时间长达六个月。

具体操作步骤为：按 "STEP 0" 键，此时 "STEP 0" 键上方的数字会闪动。

输入要输入或修改的步序数字（此时在工作参数画面会显示该步序的所有参数，Z 轴显示屏幕上会显示该步序所设定的加工深度值）。

当执行自动修细功能时，步序（深度）设定的优先顺序为：STEP 0→STEP 1→STEP 2→STEP 3→STEP 4→STEP 5→STEP 6→STEP 7→STEP 8→STEP 9。

下面以六段自动加工为例（设定总深度为 6 mm，STEP 0→STEP 5）进行说明。

步序记忆清除步骤为：按 "STEP 0" 键→ "CLEAR STEP" 键→（清除所有步序里的工作参数=0）重新输入加工参数和加工深度值。

以上例子，是设定六段自动加工参数的步序，须再添加步骤：按 "STEP 0" 键→ "6" 键→ "0" 键→ "OK"，才能使 STEP 0～STEP 5 自动循环加工，否则第七段（STEP 6）以后的参数将会继续执行。

④ Z 轴自动校模键。按此键，Z 轴自动往下，碰到工件时，发出声响，Z 轴便自动停止，可由遥控器上的旋钮控制速度快慢。

⑤ 开工作液。开启工作液泵，使工作液浸没工件，并使出液口对准工件，以保持最佳冷却状态，再按 "⬇" 键，指示灯亮，一旦加工液液面未达到所设定的高度时，机床马上停止放电。

⑥ 自动加工设定键：功能为选择循环自动加工或只作单段加工。具体操作方式为：按一

次灯亮，表示会由目前步序（STEP）自动往上步序循序做自动修细加工。再按一次灯灭，表示只执行目前步序的加工动作，当深度达到所设定的加工深度时，就会自动停止加工，不再继续往下一个步序加工。

（4）加工要点如下。

① 直齿圆柱齿轮精锻模要求几何精度准确，电极损耗极小，保持齿形面轮廓清晰。

② 直齿圆柱齿轮精锻模的电火花加工是单电极直接加工成形法的加工典型。此类模具不允许平动、摇动加工。由于几何形状复杂，因此，以最小的扩大量作为规准转换时进给量的依据。

③ 加工时不冲油，不打排气孔，靠主轴自控抬刀、排屑与排气。

④ 加工规准的选择。

4. 加工程序

加工程序如表 8-4 所示。

表 8-4 加工程序

STEP	CURRENT	T-ON	T-OFF	HV	GAP	AUTO	TIME	UP-1	UP-2	DEPTH SET
0	1	5	5	3	6	5	6	20	6	0.1
1	3	5	5	3	6	5	8	20	8	0.5
2	20	5	8	3	5	5	16	25	18	10.5
3	5	5	6	3	6	5	8	20	8	10.7
4	3	5	5	3	6	5	8	20	8	10.85
5	1	5	5	3	6	5	6	20	6	11

四、检测评价

评分标准如表 8-5 所示。

表 8-5 评分标准

班级				姓名			工时		300 min	
序号	内容及要求			评分标准		配分	自测结果	老师测量		得分
1	$\phi 66\ \text{mm} \pm 0.05\ \text{mm}$		IT	超差 0.01 mm 扣 1 分		15				
			$Ra2.5\ \mu\text{m}$	降级不得分		5				
3	$13_{0}^{+0.05}\ \text{mm}$		IT	超差 0.01 mm 扣 1 分		15				
			$Ra2.5\ \mu\text{m}$	降级不得分		5				
4	$\phi 20\ \text{mm} \pm 0.05\ \text{mm}$		IT	超差 0.01 mm 扣 1 分		15				
			$Ra2.5\ \mu\text{m}$	降级不得分		5				
5	$\phi 52.5\ \text{mm} \pm 0.05\ \text{mm}$		IT	超差 0.01 mm 扣 1 分		15				
			$Ra2.5\ \mu\text{m}$	降级不得分		5				

数控电火花加工技术训练

续表

班级			姓名			工时	300 min
序号	内容及要求		评分标准		配分	自测结果	老师测量	得分
6	程序编制		酌情扣分		10			
7	零件整个轮廓全部完成		未完成轮廓加工不得分		5			
8	文明生产、工艺		酌情扣分		5			

参 考 文 献

[1] 周旭光. 模具特种加工技术 [M]. 北京：人民邮电出版社，2010.

[2] 周旭光，佟玉斌，卢登星. 线切割及电火花编程与操作实训教程 [M]. 北京：清华大学出版社，2010.

[3] 伍端阳. 数控电火花加工实用技术 [M]. 北京：机械工业出版社，2007.

[4] 赵万生. 电火花加工技术 [M]. 哈尔滨：哈尔滨工业大学出版社，2000.

[5] 李忠文. 电火花机和线切割机编程与机电控制 [M]. 北京：化学工业出版社，2004.

[6] 徐刚. 数控加工技术基础 [M]. 北京：高等教育出版社，2008.

[7] 宋如敏. 模具制造技术训练 [M]. 北京：电子工业出版社，2009.

[8] 王卫兵. CAXA 线切割应用案例教程 [M]. 北京：机械工业出版社，2008.

[9] 王朝琴，王小荣. 数控电火花线切割加工实用技术 [M]. 北京：化学工业出版社，2019.

[10] 郭艳玲，等. 数控高速走丝电火花线切割加工实训教程 [M]. 北京：机械工业出版社，2013.

[11] 孙庆东. 数控线切割操作工培训教程 [M]. 北京：机械工业出版社，2014.

[12] 赵光霞. 数控特种加工分册 [M]. 北京：北京理工大学出版社，2010.

[13] 曹凤国. 特种加工手册 [M]. 北京：机械工业出版社，2010.

[14] 赵云龙. 先进制造技术（第二版）[M]. 西安：西安电子科技大学出版社，2013.